每天读点

拖延心理学

苏成荣/编著

中国纺织出版社

内　容　提　要

每个人都或多或少被拖延所困扰，拖延的时候虽然内心饱受煎熬却又很难从中脱逃。拖延使得我们的工作效率低下，生活变得糟糕，并且还会因为拖延而影响自己的人生轨迹。

本书对拖延产生的原因进行详细分析，针对不同情况给出相应策略，帮助每个受到拖延困扰的读者认识自己拖延行为背后的深层次原因，认识拖延的可怕和危害，从而战胜拖延，迎来崭新的生活。

图书在版编目（CIP）数据

每天读点拖延心理学／苏成荣编著. --北京：中国纺织出版社，2017.3（2017.5重印）
ISBN 978-7-5180-3114-6

Ⅰ.①每… Ⅱ.①苏… Ⅲ.①心理学—通俗读物
Ⅳ.①B84-49

中国版本图书馆CIP数据核字（2016）第293726号

责任编辑：闫　星　　责任印制：储志伟

中国纺织出版社出版发行
地址：北京市朝阳区百子湾东里A407号楼　邮政编码：100124
销售电话：010—67004422　传真：010—87155801
http：//www.c-textilep.com
E-mail：faxing@c-textilep.com
中国纺织出版社天猫旗舰店
官方微博http://weibo.com/2119887771
三河市宏盛印务有限公司印刷　各地新华书店经销
2017年3月第1版　2017年5月第2次印刷
开本：710×1000　1/16　印张：14
字数：220千字　定价：32.80元

前言

现在，假如我们打开百度首页，输入“拖延”一词，关于拖延的解释或论述有几千万条。总结起来，它就是“以后再做”的含义。

现代社会中的人们，已经逐渐意识到拖延问题的严重性。严格意义上说，拖延并非是常规意义上的某种疾病，但一旦我们患上拖延症，就会行动迟缓、内心焦躁不安。在拖延的时候，我们内心其实一直惦记未完成的事，于是，我们一边没有行动，一边自责不安，反过来，各种负面情绪又加重了我们的拖延习惯。这样循环往复的行为，被称之为“拖延怪圈”。一旦陷入“拖延怪圈”，我们的执行力会越来越弱，而这正是我们做事和实现理想的最大阻碍。

事实上，人们都在某种程度有过拖延行为。据不完全统计，有70%的大学生有不同程度的拖延习惯；25%的成年人有着慢性拖延问题。与此同时，有95%的拖延者希望减轻他们的拖延恶习。因为拖延问题，让他们的生活状态不够满意，为此倍感苦恼。

当然，拖延也有着不同的表现形式，其轻重也不同。比如，手头需要处理的事情太多，但总是无法集中精神在工作上，直到上司来催才懒洋洋地去做，总是不愿意主动去争取和努力；虽然已经下决心执行，但却苦苦找不到方法，于是只好拖延；状态差，提不起精神、情绪糟糕，对工作乃至整个人生都感到没希望；你是典型的完美主义者，在做事之前总是不断求证，希望找到最完美的方案，大把大把地时间就被浪费掉……

拖延，对于每个人来说，都是一种不良的习惯。有拖延症的人意志薄弱，他们自我约束力差，习惯逃避困难或不敢面对现实。可见，拖延这一恶习会影响一个人一生的命运轨迹，只有改正这种拖延的毛病才能使得自己重新进入一种正常的生活轨道。

本书就是从这个角度展开论述，首先教会我们如何摒弃对拖延的恐惧、担忧以及羞耻等情形，因为只有在客观冷静的情绪下，才能看清自己是否是拖延者，以及为什么会拖延。然后再从心理上教会我们如何克服拖延症，让我们努力戒除拖延症的干扰。也就是说，我们只有从本质上认知和理解自己的拖延行为，才能找到最适合自己的解决方法。

现在，假如你也是一名拖延者，那么，还等什么？赶快改变自己，重新发现生活吧！

编者著

2016年7月

目录

contents

上篇　拖延心理学解析

下篇　克服拖延的心理策略

上篇

拖延心理学解析

第1章
拖延心理的内因：揭开拖延的神秘面纱

拖延是一种惰性行为，拖延者常常会在内心自我安慰："也许等等情况会更好""一个月以后还会是难题吗""没有必要去那么早""听老师话太愚蠢了"……如果你也有这样的想法，那么说明你也有了拖延的行为习惯。但我们没有看到的是，这些声音其实是基于一些内在的心理动因，也许找出这些心理动因，能帮助我们克服拖延心理。

你认为拖延是助你破坏规则的武器

对于现代社会总是处于忙碌中的人们来说，也许拖延问题是他们最难抵制和克服的一种不良的行为习惯。有关资料显示，在大学生中，大约有70%的人有拖延习惯，只是程度不同；成年人中有25%的人有着慢性拖延问题，另外，有95%的人希望能减轻他们的拖延恶习。因为拖延已经逐渐影响了他们的生活，一些人为此而苦恼。

其实，人生苦短，很多事，如果你拖延的话就来不及了。比如享受生活、读书学习、运动、旅行等，也许你会说，我还年轻，有大把的时间，也许你会说，我还有以后，但其实我们最不能挥霍的就是时间，怎么会有那么多的以后在等着你？

人们总是会为自己的拖延寻找各种各样的借口，很多人也正致力于拖延心理的研究，但其实，更深层次的探究显示：人们拖延的行为习惯的反复出现是有着深层次的心理原因的。现在我们来回忆一下：在学生时代，周五放学之前老师告诉我们，下周一之前必须交一篇拟定题目的作文，当然，这是假期作业，我们是必须要完成的，"必须"两个字也是被老师强调的，对于很多听话乖巧的学生来说，他们自然会按时把作文交上去，然而，那些叛逆的学生却喜欢挑战老师制订的规则，他们不到最后一刻，都不愿意呈交自己的“杰作”，甚至一些学生，在老师催促几次后还是在拖延……

这些学生为什么会拖延呢？因为在他们内心深处，是希望挑战并破坏规则的。所谓规则，就是那些让我们感到自我约束和自我被挤压的指令。这在很多总是拖延交作业的学生身上体现得尤为明显，一些学生表示：如果老师布置的是开放性的、不限制时间的自由作业，我们就有想象的空间，会自发性地完成作业。而那些命令式的作业则让给我们感到无趣，并且千篇一律式的，作业也就会一拖再拖。

的确，挑战规则一直是人类的天性，没有挑战就没有突破，这就是为什么一些教学经验丰富、成果突出的教师会注重挖掘学生学习的兴趣、让他们自主完成作业，在一些企业内部，管理者为了提高员工的工作效率，也会给员工更多的发挥空间，否则，即便一个再简单不过的工作，也会被拖延。

我们必须承认一点，一些规则的存在忽视了人的个性差异，但是无规矩不成方圆，规则起到的是约束人们行为的作用，否则，我们的行为习惯将毫无节制，在集体内部，规则的制定也是为了便于管理，因此，对于某些合理的规则，我们不必要进行挑战和破坏，那么，也就不必要拖延。

举个简单的例子，如果你是一名学生，但如果你不继续学习，就无法使自己适应急剧变化的时代，就会有被淘汰的危险。而学会了克服懒惰并能不断学习，一切都会随之而来。只有善于学习、懂得学习的人，才能具备高能力，才能够赢得未来。

其实，我们需要明白的是，拖延并不能帮助我们解决问题，也不会让问题凭空消失，拖延只是一种逃避，甚至会让问题变得更严重，那么，你为什么还要逃避呢？那些成功者可是从不拖延的。

曾经有一个关于寒号鸟的传说。

这种鸟很特别，它长着四只脚，两只光秃秃的肉翅膀，而不是像一般的鸟那样拥有轻盈的翅膀，所以不会在天空飞行。其实，寒号鸟原本不是这样的。

很久以前的一个夏天，寒号鸟比其他鸟类更漂亮，它全身长满了洁白的、美丽的羽毛，因此，它很骄傲，认为自己已经是最漂亮的鸟了，甚至不把鸟类之王——凤凰放在眼里，它每天也不干活，只是炫耀自己的美貌。

很快，秋天来了，所有的鸟类都各自忙开了，有的飞向南方避寒，有的在准备过冬的食物。而只有寒号鸟，既没有飞到南方去的本领，又不愿辛勤劳动，仍然是整日东游西荡，还在一个劲地到处炫耀自己身上漂亮的羽毛。

一眨眼，冬天来了，大雪纷飞，所有的鸟类都躲起来过冬了，只有寒号鸟，却饥寒难耐，而且，它身上的美丽的羽毛也都掉光了，它就更冷了，只能躲在石缝中避寒，它不停地叫着："好冷啊，好冷啊，等到天亮了就造个窝啊！"等到天亮后，太阳出来了，温暖的阳光一照，寒号鸟又忘记了夜晚的寒冷，于是它又不停地唱着："得过且过！得过且过！太阳下面暖和！太阳下面暖和！"

整个冬天，寒号鸟都这样凄惨地过着。等到春天来的时候，其他鸟类飞回来时，寒号鸟已经冻死了。

这个寓言故事说明了拖延就是对宝贵生命的一种无端浪费。可能你也有过这样的经验：读书时代为了证明自己是与众不同的，你会拖到最后时刻才交作业？或者经常等到工作必须要交出成果的时候才马不停蹄地"开夜车"赶工？所有人都清楚地知道，拖延是不好的习惯，可是，你是否真正思考过，由于拖延为你带来了多大的损失吗？

美国作家唐·马奎斯曾说："拖延是止步于昨日的艺术。"的确，人的一生，短短几十载，生命是有限的。如果我们浪费时间，工作和生活总是被那些琐碎的、毫无意义的事情所占据，那么我们就没有精力去做真正重要的事情了。世界上有很多人埋头苦干，却成就一般，如果他们充分利用了自己的时间和精力，绝对可以作出更有价值的事情来。

因此，如果你是个有拖延症的人，那么，必须想方设法将其从你的个性中除掉。如果不下决心现在就采取行动，那事情永远不会完成；当然了，如果你不打算成功、不打算超越他人和自己、不打算改变现状的话，那你可以放任自己的拖延陋习。

抵抗权力等级的心理动因会让你一拖再拖

在我们周遭的很多领域中，都在上演着拖延大战，尤其是那些具有权力等级差异的环境中。你发现没有，自打你进入这家公司，已经有三年时间了，你的上司不断在更换，他们也总是能平步青云，直接晋级为更高层次的领导，但你依旧是必须听从于他们的小职员，你觉得自己的前途渺茫，于是，你把这种情绪发泄到工作上，拖延也许是对抗上级的一个最佳方式。

已经一个星期了，主管催了你几次该交月报表了，你心想："为什么我总在做这种简单、重复的工作，为什么我得不到提拔？"于是，你最后还是随便给了上级一个理由，把这个工作继续拖延下去了。此时，拖延起到的是平衡你心理的作用，这样，你的上级也就不再显得那么权威了，因为你的借口让他不能再逼迫你去完成工作，你觉得自己有了决定的能力，你也就顺理成章地继续延迟下去了。

其实，不仅是职场，在很多具有权力等级的关系中，都存在拖延这样的对抗方式。比如：高度集权的团体、家教森严的父母子女之间或者是师生之间等。也许你认为拖延会让你产生胜利的感觉，但你没有意识到的是，你牺牲的可能是时间、精力、金钱、良好的人际关系等，对抗上级，轻则让你庸碌无为，重则会让你在职场处处碰壁。对抗师长，你错过了正确的引导，耽误了学习、浪费了生命。

所以，在我们想拖延去做一件事之前，最好先反思一下：我为什么想拖延，这样拖延，对我真的有好处吗？要知道，一旦拖延成为你的习惯时，它很有可能是导致你一生失败的根源。破除和摒弃它，才是我们应该努力达到的。其实很多时候，那些被我们对抗的对象，却是帮助我们成长的良师益友。

我们先来看下面的一个故事。

宋代大文豪苏东坡的才气人尽皆知，但他还有一段不为人知的从业经历。

他可以说是少年才俊：22岁时就考中进士，27岁中制科三等上。

北宋政府为了表示对人才的器重，任命苏东坡到凤翔府作通判，上任以后，苏东坡的工作就相当于现在职场的助理，他的任务是协助他的上司陈公弼处理日常事务。

陈公弼是一个老实严谨的人，做事认真细致，对于苏东坡每次写的公文都一字不差地审阅然后批注，经常把苏东坡的文章改得面目全非，而且几次还当着众人的面批评苏东坡，让苏东坡很是难堪。这些都让不拘小节、自恃才高的苏东坡心里很不舒服，于是，他决定“报复”一下陈公弼，以示自己的不满。一次，凤翔府衙的花园里修了一座亭子，要求各工作人员都写一篇文章表示对亭子的看法，苏东坡就写了一篇带有讽刺意味的对现实不满的文章。陈公弼对下属的这些做法并不介意，反而叫人把苏东坡的这篇文章刻于亭子上。其实，陈公弼对苏轼并无恶意，只是觉得苏东坡少年得志，缺少社会历练，对其以后的官宦生涯会不利，因此常常设置一些困难来磨炼苏东坡。步入中年之后，苏东坡才逐渐理解了陈公弼的用意。此后，他对陈公弼非常敬重与怀念，于是决定为陈公弼立传。

苏东坡一生中只写了四部传记，而关于当代人物的只有一部，就是——《陈公弼传》。

故事中，苏东坡原本以为上司陈公弼是给自己穿小鞋，步入中年的苏东坡才知道陈公弼是为了自己好，希望年少气盛的自己可以历练成才。

其实，职场中，也不乏一些人，他们总是和上级对着干，以为上级针对自己，于是，经常以拖延的方式来对待工作，其实，他们并不理解上级的苦心，这主要还是因为我们不能以一个正确的心态面对领导的批评。

现在，我们来假设，如果你是一名领导，手下有两名员工，一名员工能力平平，但对于你交代的任务，他总是第一时间去执行，尽管最后结果不尽如人意；还有一名员工，他思维敏捷、能力突出，但每次你下达的指令，他总是找种种借口推脱，要么就是拖延，最后，也许他们也会交出一份比较周全的工作方案。对于这两名员工，你更信任谁？很明显是前者。因为谁也不喜欢在自己背后做小动作的员工。所以，作为一名员工，必须服从领导的管理，但服从并不是挂在嘴上的，而是应该用行动来体现。任何一个企业，都不需要那些只会要耍嘴皮子功夫的员工。只是口头上的服从，其实就是应付、敷衍，甚至可以说是拒绝。我们无法想象这样的员工能高效地完成工作，能够毫不拖延地取得很好的工作效果。所以，如果你是一名员工，对于领导交代的工作，不要有借口，更不要拖延，让领导看到你的执行力，才是获得其信任的关键。

可见，如果我们能发现对抗权力等级这一内在的心理原因，并权衡这一心理的负面影响，是能在一定程度上帮助我们克服心理拖延的，要知道，那些无意义的对抗真的害人不浅，学会理性思考吧，行动起来！

拖延是我们婉转拒绝他人的方式

诚然，我们已经了解到拖延是一种不良的行为习惯，一个总是拖延的人，甚至可能会拖垮他的一生，戒掉拖延习惯和心理、提高执行力，是成就成功人生的开始。然而，我们可能忽略的一点是，拖延在某些情况下，也能起到积极的影响，其中就包括委婉拒绝他人。也就是说，拒绝他人是我们拖延的另一大心理动因。

我们都知道，生活中，没有人喜欢被拒绝。习惯于中庸之道的中国人，在拒绝别人时很容易发生一些心理障碍，这是传统观念的影响，此时，很多人就会产生拖延的心理，这样做，不仅能巧妙拒绝他人，也降低了拒绝他人产生的一些负面效应。

陈萍是一名部门主管，当初公司把他调到这个部门的时候，她就不大乐意，因为她早有耳闻，这个部门有不少下属不好应付，其中就包括秘书小林。前任主管就是被这几个人使阴招赶走的。但既然公司已经下达了指令，陈萍只好硬着头皮上了，她也有志于改善部门状况。

刚去报到的第一天，秘书小林就对陈萍说："主管，这之前没有做过这类的报表，你帮我做一下吧。"

听到这话，陈萍觉得很诧异，做报表在公司一直都是秘书的本职工作，小林的请求实在是太过分了，他很生气，但一想到，要是直接拒绝，很可能自己也有前任主管同样的命运。因此，想了想之后，她对小林说："不好意思啊，今天我刚来，事情太多了，等忙完这周的活，你再把数据表拿来。"

一听到陈萍这么说，小林心想，这份报表周五前必须要交到公司财务部，哪里还等得到下周？于是，她只好自己去处理了。

这招果然奏效，后来，陈萍用同样的方法摆平了很多心有不轨的下属的请求。

案例中主管陈萍的这招拒绝方法相信不少人使用过，尤其是在应付那些小人的时候。对于他们的请求，不能直接拒绝，而应该采取时间拖延法与之周旋。的确，对于小人的请求，如果你马上拒绝，定然会得罪他，小人本身就是无孔不入、驱之不去、阴魂不散、破坏正常人际交往的受人鄙视的团体，如果你得罪了这样的人，应该会料到会为自己带来什么样的后果。时间拖延法，能消减小人的怨恨之心。

在我们的生活中，不敢和不善于拒绝别人的人，往往得戴着"假面具"生活，活得很累，而又丢失了自我，事后常常后悔不迭；但又因为难于摆脱这种"无力拒绝症"，而自责、自卑。其实，学会拒绝并不困难，拖延就能帮你做到。你可以说："哦，我再和朋友商量一下，你也再想想，过几天再决定好吗？"这样，对方自然心知肚明。

其实，运用拖延来拒绝他人很简单，对于你不想答应的请求，你完全用不着下决定，用不着点头或者摇头，而只是让来请求你的人迟些再来。例如，你可以说："我的任务现在排得满满的，你能不能两个礼拜以后再来找我？"如果这个人不错的话，他会把两星期后再来找你这件事加进自己的备忘录里。要是这人不地道，他们肯定早把你忘了。有的时候如果你连着拖延了两回，那个人就会自动放弃了。

具体来说，你可以这样做。

1. 试着先同意

这似乎听上去有点自相矛盾，但是你可以把这看作一场心理上的战争。你可以同意要求，然后做下面两件事之一：

你可以说："没问题，但是我现在的任务多的像山一样。你能不能过一个月左右再来找我？"

或者你可以说："当然可以，但是你能不能先去做……这样我们才能看出这件事到底是否可行。"

无论你选择上面两个中的哪一个，你都没有断然地拒绝他们，而是把主动权交回到他们的手中。这样说帮你解决了主动权给你带来的压力，让你用不着真正说出那个"不"字。

2. 不要拖延那些你已经承诺的事

如果已经承诺的事，还一拖再拖是不正确的，这里的拖延法指的是暂不给予答复，也就是说，当对方提出要求是你迟迟没有答应，只是一再表示要研究研究或考虑考虑，那么聪明的对方马上就能了解你是不太愿意答应的。

其实，有能力帮助他人不是一件坏事，当别人拜托你为他分担事情的时候，表示他对你的信任，只是自己由于某些理由无法相助罢了。但无论如何，仍要以谦虚的态度，别急着拒绝对方，仔细听完对方的要求后，如果真的没法帮忙，也别忘了说声"非常抱歉"。

3. 拖延要针对具体情况

对方在激动时，所提出的问题，如果不能具体解决，往往容易陷入僵局，故对这类问题要加以回避。如果个人的事，可说"这件事太复杂，先喝一杯再说"，这样表明态度，一时就让对方稳下来，比两人争吵不休要好。在正式场合，比如在开会时引起争吵的话题，会议主持人应先承认问题的重要性，然后说："这个问题太棘手，无法立刻回答，"从而牵制住对方。或说"这个问题，改天再说"的答复，会认为比遭到拒绝要好，可缓和激动情绪，收敛锋芒，不再纠缠。

可见，拖延也不是"一无是处"，拒绝他人是拖延的一种心理动因，但反过来，拖延也是一种拒绝的策略。因此，面对他人的请求，如果你因感到不好意思而不敢据实言明，此时，你不妨采取拖延法，拒绝时先不要急切、直接地表达自己的立场与处境，让时间来冲淡一切。

你认为拖延能保护自己

我们都知道，拖延是一种不良的行为习惯，然而，任何人的拖延行为，其实都是在一定的内因驱使下形成的。我们周围，有这样一些聪明的人，无论是在生活还是工作中，只要是与人打交道，他们总是会在看清楚他人的“招数”前拖延一段时间，因为他们坚信“谁先出手，谁就失利”。这类人拖延的内在动因是为了保护自己。

杨青就是这样一个人，他并不懒惰，但却喜欢拖延，用他的话说就是：“我觉得人生就是一盘棋局，谁先出棋，谁更容易被看破。无论是工作还是生活，我都会慢半拍，在我搞清楚别人的想法之前，我会把自己的手放在胸前，不让别人看清楚我的心。如果我看到一个心仪的女孩，我不会热情地追求她，因为假如她对我没兴趣，那么我再努力也是徒劳，我会等待她先对我表达好感，我不打没把握的仗。我也不会主动提出工作调动，因为我不想让别人看清楚我对什么部门最感兴趣。我也不会针对什么事情立即做决定，因为那样会被别人看清楚我的想法，进而从中捞到好处，要知道，我们周围到处都是这样猜来猜去的游戏……”

想必，在我们的生活中，带有这样心理的人不少。在他们需要做决定的情况下，他们认为拖延能起到保护自己的作用，因为这样别人就看不清他们的想法，也就不会采取立即的制约措施。也就是说，他们认为，捉摸不定更能让他们产生安全感，而一旦暴露自己，就好比成为别人宰割的对象。

事实上，我们的一生，越是拖延，越是四处躲避，越是让我们殚精竭虑，忧心忡忡，我们总是在担心会被他人算计，总是提心吊胆，这样真的会有安全感吗？任何一个处于自我保护状态下的拖延者的经历告诉我们，有时候，主动出击更能赢得主动权。与其总是猜测他人的想法，还不如先走出去，随时做好最坏的打算，这样才会更有安全感。这样，你也会在最短的时间内看清楚谁是和你站在同一阵营内的朋友，谁是敌人，而不是空耗生命。另外，你的需求也会被他人知晓，关爱你的人也会出现。其实，很多情况下，人与人之间隔阂的加深就是因为拖延造成的。

小荣已经毕业六年了，从刚毕业的时候，她就开始在这家公司的客服部门工作，功夫不负有心人，几年的努力换来了一个主管的职位。正因为她从刚踏入社会，她一个人打拼，也没有人帮助她，所以，她对那些新来的职员都特别好，能帮上忙的她都义不容辞。

就在小荣当上主管不久，客服部来了一个新手，是个很单纯的女孩，刚好还是和小荣一个大学毕业的，这下子小荣更加怜惜。而且，那女生很听话，办事能力也很强，无论是小荣交代做的，没交代做的，她都能做得很好。有不懂的，也不厌其烦地问，小荣仿佛看到了当年的自己，她把那女孩当亲妹妹一样照顾。由于小荣的力荐，上司对女孩的表现也很满意。可是小荣没想到的是，这女孩居然以怨报德，出卖了她。事情是这样的：

经过几个月的相处，小荣对女孩已经是无话不说，那时候直接领导小荣的还有一个上司，这个上司为人还好，就是在业务上能力有点差，小荣对她倒也没什么意见，就是闲聊时和这个女孩随便说了几句。

有一段时间，公司客服部频频接到投诉电话，为了解决这一问题，小荣作为主管，制订了新的客服计划，本来在会议上都已经通过了，但是第二天她的上司却通知她计划取消。当时，小荣很生气，当着全体员工的面通过的事情，怎么说取消就取消呢？她很想向上司发火，说几句顶撞的话。不过几年的工夫没白练，她忍住了，她敲开了上司的门，走了进去，很耐心地问：“我想知道原因？我觉得这个方案真的不错！”

上司看了她一眼：“你是不是翅膀硬了，觉得自己能力已经在我之上了？”小荣一愣，想起了前天对那个女孩说的话。根据她多年的经验，她意识到是自己被出卖了！于是她稳住了自己说：“每个人都有自己的特点，在策划上您可能没有我强，但是在管理上，我却没有您有能力！这就是为什么您是领导，我是下属。”这话领导听了，还挺受用。领导看了小荣一眼，叮嘱我说：“你不要光顾着工作，要小心身边的人。”

小荣是聪明人，当然明白上司这话是什么意思，她同时也知道了，自己的策划被通过了。但是关于那个女孩，她并没有怪罪于她，但她觉得这个女孩还是不聪明，因为她很快就知道了女孩两面讨好的用心。

案例中的主管小荣和领导之间的误会就是他人挑拨造成的，而庆幸的是，这一误会能在小荣主动开口后解释清楚。假如小荣一直不澄清这个误会，也许就会因为中了同事的离间计与上司树敌了。

可见，在这种情况下，拖延并不会起到自我保护的作用，相反，它还会吞噬人与人之间的信任，让我们失去友谊、关心等。

一些自作聪明的人还以为，拖延能帮助我们复仇，我们被某个人伤害、欺负了，那么，再次交锋的时候，我们的拖延会让对方感到苦恼。比如，你的上司在一次工作中批评了你，你怀恨在心，前一天，他需要一份工作季度销售报告，这一任务他交给了你，今天早上，他急需这份报告参加公司高层会议，但你却借口推脱称报告未完成，此时，你是多么希望看到他在大会上出丑的表情！然而，你的目的真的达到了吗？这样做只会让你成为他的正面敌人，职场人士与上司内斗最终失利的只有员工！任何一个有经验的职场人士都会给我们一个忠告：绝不要与上司作对！

总的来说，我们需要更正一个观点：拖延并不一定会真的起到保护自我的目的，真正的安全感是随时为危险做好准备，而不是逃避危险。

完美主义让你迟迟不愿动手

在我们生活和工作的周围，经常有这样一些人，他们为人处世处处小心，总是认为自己做事没做到完美，他们对自己要求过分严格。因为他们过于认真、拘谨，苛求自己，所以他们生活得很累。一旦某件事没有做到无可挑剔的程度，那么他们必定是吃不好也睡不好，总觉得心里不舒服。这种人就是我们常说的完美主义者。然而，我们要清楚一点，这个世界上并没有完美的人，也没有完美的事。

通常说，完美主义者在刚开始从事一件事的时候，都会满怀斗志，认为自己可以做到完美无瑕，但随着工作进度的推移，他们的激情被磨灭、找不到真正完美的执行方法，此时，他们会选择用拖延来为自己害怕不完美找借口。他们常常会说："再等等，一定有更好的解决方法。""桌子上太乱了，扰乱了我的思绪，我先收拾下。"然而，真正完美的那一刻在工作中存在吗？这何尝不是自欺欺人呢？

心理学家也称，一些人之所以拖延，并不是因为他们缺乏热情，也并不是因为他们能力不足，而是某种形式上的完美主义倾向或者求全心理让他们迟迟不愿下手，导致了他们最后的拖延。

前段时间，某知名广告公司聘请了一名设计师，公司上上下下都在议论这名设计师的来历，这名设计师姓胡，是某名牌大学的硕士研究生，在校期间就为很多大公司做过设计。并且，胡小姐的能力有目共睹，在公司的会议上，老总曾公开展示过她的作品，并告诫大家以胡小姐为榜样。

然而，令大家感到惊奇的是，不知为何，在胡小姐来公司的第三个月，她就被开除了，一些男同事惊呼："也太没天理了，这样能力超群的美女，怎么就被开了呢？"一些在公司混饭的员工甚至觉得这是老板裁员的第一步，连胡小姐都被开除了，恐怕自己也不远了。种种猜测在员工之间传得沸沸扬扬，但原因只有老板自己明白，就因为胡小姐是个严重的拖延者。

这家公司的老板姓张，张经理对胡小姐实在忍无可忍了，从第一个月开始，别人都是做了六个项目，而她只交上来三个，每次催她要作品，她就会回答："再给我一天时间，我还是觉得有几个地方不满意。"要么就是："我还没想到怎么收尾呢。"其他员工一个月五千的工资，胡小姐因为是特别聘请，所以每月八千，八千元就交上来三个作品，这样的代价实在太大了。还有一点最主要的是，胡小姐总是抱怨给她的时间太少，每次让她必须把作品交上来的时候，她总因为无法按时完成而变得狂躁。无奈，最后，张经理还是决定另请高明了。

案例中的胡小姐就是吹毛求疵的职场人士，因为总是对工作不满意，她一直拖延工作提交的日期，最后，公司领导将其开除。

其实，这样的人在我们工作的周围并不少，他们之所以要求自己做到完美，多半与对自己过高的期望有关联，他们十分在意周围人对自己的评价，他们害怕一旦做的不好，会被人嘲笑或者让自己没面子。他们在执行的时候，总是在不停地问自己：“如果再换一种方法呢，是不是更好？”结果，他们总是在尝试寻找最完美的方法。

完美主义者对待任何事情都要求做到极致，工作中如此，对待生活和情感也是如此。

琪琪今年已经32岁了，毫无疑问，她是大龄剩女的一员，她相过不下一百次的亲，周围的亲戚、朋友都替她着急，但她总在回答：“不急，我相信我总能找到那个对的人的。”而当别人问她为什么没看上相亲对象时，她的答案更是千奇百怪，比如“他戴眼镜，视力不好，我怕以后会影响下一代。”“他个子不高，带出去太没面子了。”“逛街的时候我看他买打折的商品，肯定是个小气鬼。”……最后，就连她那些最要好的朋友，也不敢为她介绍男朋友了，因为她实在太挑剔了。

和故事中的琪琪一样，在我们的生活中，对择偶条件太过苛刻的人实在不少，当他人已经走入婚姻殿堂时，他们还徘徊在人生的十字路口，不知何去何从，这何尝不是一种拖延？身为完美主义者的他们，对于自己行为的解释是：“没有遇到对的人。”然而，那个完美的人真的存在吗？当然不存在！其实，爱情随时可能会到来，怕的就是因为你的完美主义而打了退堂鼓。

的确，追求完美，这是一种追求进步的表现，如果人们都满足于现状，那社会将会止步不前。因此，可以说，追求完美并没有什么不好，相反，很多时候，精益求精对我们的能力、知识、经验等方面都大有益处。然而，当你已经形成一种追求完美的习惯后，你会发现，你做事的效率反而降低了，因为你开始养成了拖延的习惯。

要知道，我们不会因为一个错误而成为不合格的人。生命是一场球赛，最好的球队也有丢分的记录，最差的球队也有辉煌的一刻。我们的目标是——尽可能让自己得到的多于失去的。那么，过分追求完美的人该如何去调整呢？

不要苛求自己。你不要总是问自己，这样做到位吗？别人会怎么看呢？过分在乎别人的看法就是苛求自己，你会忽略自己的存在。

要改变自己的观念。你需要明白一点，世界上没有完美的事，保持一颗平常心并知足常乐，才是完美的心境。换一种新的思路，即尝试不完美。

要改变释放方式。当你心情压抑时，你要选择正确的方式发泄，比如唱歌、听音乐、运动等，并且，你要抱着一种享受的心情发泄，这样，你很快会感受到快乐。

让一切顺其自然。不要对生活有对抗心理，过于较真的人，他们会活得很累，因此在思考问题时要学会接纳控制不了的局面，接纳自己所的事，不要钻牛角尖。

总之，人生是没有完美可言的，完美只是在理想中存在，生活中处处都有遗憾，这才是真实的人生。事实上，追求完美是盲目的。“完美”是什么？是完全的美好。这可能吗？“凡事无绝对”，哪里来的“完全”？更不要提“完美”了。既然没有“完美”，那你还在等待什么呢？立即执行吧！

第2章
拖延心理的陷阱：别踏入拖延的沼泽

我们的生活中，有一些有拖延心理的人，他们总是会陷入拖延的怪圈中：他们做事的过程和情绪都像坐过山车，原本他们有着美好的做事愿望，到最后却慢了下来，因为影响他们行为的因素实在太多了。并且，拖延者往往都有很大的精神负担——事情未能及时完成，却都堆在心上，既不去做，又不敢忘，压力接踵而至，实在比多做事情更加受罪。因此，我们要努力调节自己的拖延心理，立即行动。

拖延的形式和症状有哪些

我们都知道，那些有成就的人有很多优秀的品质，而做事绝不拖延肯定是其最重要的品质之一。生活中的每个人，要想在日后有所作为，也必须从现在开始就养成立即执行的习惯，而如果你有拖延症，你要做的第一步就是调节自己的拖延心理。

然而，我们不得不承认的是，在我们的生活中，从员工到总裁，从学生到社会青年，从家庭主妇到职场人士，拖延的问题几乎会影响到每一个人。因为了解自己的，始终是我们自身，你是否有拖延的习惯，也许你的上司、家人、老师并不知晓，但是你自己清楚，或许现在的你已经陷入了拖延的泥潭中，如果有，那么是时候解决这个问题了，

如果你确实不清楚自己是否有拖延症，那么，我们可以掌握几种拖延的形式和症状，来对照一下。我们不妨先来看看下面的故事：

有一位美丽的女士，她怀孕了，无聊的她想打发时间，于是，她买来一些漂亮的毛线，想着给未出世的孩子织一件衣服，可是她却迟迟没动手，总

是懒懒地躺在床上，每当她想到那些毛线时，总是告诉自己："还是先吃点东西，看看电视，等会儿再说吧。"可是等她吃完东西、看完电视以后，她发现天已经黑了，于是，她会说："晚上开着灯织毛衣对孕妇的眼睛不好，还是明天再织吧。"第二天，她还用同样的借口拖延。

她的丈夫是个贴心的好男人，他心疼妻子，就并未催促她，她的婆婆看到那些被放到柜子里的毛衣，本想替她织，但她却坚决要自己为孩子织毛衣，她还心想，如果是个女儿，一定要织个漂亮的毛裙，如果是个男孩，就织一件毛裤。但随着她的肚子越来越大，她越来越不想动，后来，她告诉自己，要不就等孩子出来再织也行。

时间过得真快，孩子很快出生了，是个漂亮的小姑娘，带孩子成了她主要的工作，孩子渐渐长大，很快就到一岁了，可是那件毛裙还没开始织，后来，她发现，这些毛衣已经不够给孩子织了。于是打算只给孩子织一个毛背心，不过打算归打算，动手的日子却被一拖再拖。当孩子两岁时，毛背心还没有织。当孩子三岁时，她想，也许那团毛线只够给孩子织一条围巾了，可是围巾也始终没有织成。……渐渐地，她已经想不起来这些毛线了。孩子开始上小学了，一天孩子在翻找东西时，发现了这些毛线。孩子说真好看，可惜毛线被虫子蛀蚀了，便问妈妈这些毛线是干什么用的。此时它才又想起自己曾经憧憬的、漂亮的、带有卡通图案的花毛衣。

这只是生活中的一个小故事，但它却告诉我们一个道理，那些有拖延习惯的人，多半都是拖延心理在作怪，而且，他们还总是会为自己寻找各种借口，要克服拖延的习惯，你必须先抛弃拖延的心理。如果不下决心现在就采取行动，那事情永远不会完成。

的确，我们都会在某种程度上犯这种错误；将今天应该做完的事情推到明天。享受现在的欢乐，延迟那不可避免的痛苦。但我们应该知道，即使在当下我们可以将这些痛苦抛出脑海，最终它仍然会到来，狠狠地击中我们并扰乱我们外在的平静。那么，拖延的症状都有哪些呢？

1. 缺乏明确的愿景

人们拖延的最重要的原因之一就是找不到努力的方向、太过迷茫，如果我们看不到未来清晰的愿景，又怎么会有动力呢？

为此，我们对将要达到的目标和为何这样做的原因有个清晰的构想，那么你会有足够的动力去努力并完成任务。

2. 计划不足

要想把事情做到最好，你心中必须有一个很高的标准，不能是一般的标准。在决定事情之前，要进行周密的调查论证，广泛征求意见，尽量把可能发生的情况考虑进去，避免出现1%的漏洞，直至达到预期效果。

3. 缺少时间

忙于做事并不意味着高效率。要善于利用每天的不同时间段。一般来说，上午头脑清醒，特别是第一个小时是效率最高的时候，可以将一些难度大而重要的工作放在此时进行。下午大脑一般比较迟钝，可以做一些活动量大又不需太动脑筋的工作。这将有助你提高工作效率，使得工作早日完成。

4. 疲劳感

很多时候，人们之所以拖延，多半他们都会以疲劳为借口，但实际上，真正令人们疲劳的还是无休止地拖延一件事。一定程度上说，疲劳是可以控制的，如果我们早点休息，按部就班地完成任务，坚持做一件事，我们就能减少疲劳、增强自信心，逐渐克服拖延心理。

5. 对结果的恐惧

对结果感到害怕是拖延的另一个原因。一些人害怕失败，他们没有良好的完成任务的能力，因此他们推迟行动。不管你信不信，还有另一些人是害怕成功。他们可能知道完成特定的任务会给他们带来一些并不想要的结果。对此，我们要对完成或不完成一项任务的结局有明确的认识。

6. 自制力不足

在现今我们更容易受技术和额外的刺激影响，从而更难于保持注意力集中。在做事之前，我们最好先排除那些可能出现干扰的因素，比如关掉手机、网络等。

7. 惰性

惰性总是与拖延相伴相生的。你会发现，那些你不愿意做的工作，往往是你不喜欢做的事或者是难做的事，因此，要克服拖延心理，你首先要克服惰性，万事开头难，要把不愿做但又必须做的事情放在首位，而对于难做的事可以试着把困难分解开，各个击破；对于那些难做决定的事，则要当机立断，因为最坏的决定是没有决定。

总之，你需要明白，拖延并不能帮助我们解决问题，也不会让问题凭空消失，拖延只是一种逃避，甚至会让问题变得更严重，那么，你为什么还要逃避呢？那些成功者从不拖延。

持续克服拖延心理，放下“明日复明日”的借口

生活中，很多人在做事时总是拖延，拖延缴纳水电费、推迟约会、为未完成的工作任务找借口等，当你问他时，他的回答是：“急什么，时间还多着呢。”在他们看来，任何事情都可以放到明天：他想减肥，但他刚才又吃了一块蛋糕，他认为从明天开始减肥也无妨；他想花一个晚上的时间来学习一段音乐简谱，但却经不住朋友的诱惑去喝了几杯，他觉得还是明天再看吧；他想去学驾驶，但还是担心自己操作不好，还是明天再说吧……明天永远是一个有希望的日子，我们不想立即做的事，都可以放到明天，然而，“明日复明日，明日何其多”，我们就这样在期望明天的状态下浪费了生命和光阴，而我们原本糟糕的状况丝毫未曾改变。

我们先来假设一下，有两个年轻人，他们能力不相上下，也都一无所有，一个年轻人目标明确，总是积极向上、每天干劲十足、努力充实自己；另外一个年轻人，他目标模糊、满足于现状、每天浑浑噩噩、得过且过，想象一下，五年后，他们会有什么不同?

尽管只有五年的时间，他们的差距已经显现出来了，前者通过自己的奋斗，已经小有财富，做人办事顺风顺水，事业越做越大、春风得意，而后者，稍微遇到一些问题，便慨叹自己解决不了，每天活在抱怨中，常常为生计、金钱而苦恼。

这两种人，你想做哪种？当然是第一种！但前提是你要克服拖延的坏习惯，然后为自己找到一个准确的定位，而不是得过且过，浪费时间。

其实，我们没有意识到的是，把努力寻求改变的想法推迟到明天是一种逃避，我们在逃避那些需要我们努力付出才会有成果的事，然后还抱着船到桥头自然直的侥幸心理，为了避免内心不安，我们还会给自己寻找太多的借口，比如，今天实在太忙了，我太累了等。

每个人要想在日后有所成就，就必须先破除拖延的坏习惯，养成立即行动的好习惯。首先是一个态度问题，只要你坚持采用这种态度，久而久之就形成了一种习惯，然后，你再将这种习惯融入到你的生活中，你就形成了某种优秀的品质。好习惯的形成和坏习惯的破除都需要一段时间，都需要一个过程，你只需要做到每天进步一点点，持之以恒，水滴石穿，必将能成就自我。反过来，每天拖延一点点，你就会越发懒惰，久而久之，后悔晚矣。明代大学士文嘉曾写过一首著名的《明日歌》："明日复明日，明日何其多，我生待明日，万事成蹉跎。世人若被明日累，春去秋来老将至……"这正是对做事拖延的真实写照。

有人说天下最悲哀的一句话就是：我当时真应该那么做却没有那么做。每天都可以听到有人说："如果我在那时开始那笔生意，早就发财了！"或"我早就料到了，我好后悔当时没有做！"一个好创意如果胎死腹中，真的会叫人叹息不已，感到遗憾。

那么，该怎样克服拖延的坏习惯呢？以下几点可供我们参考。

1. 承认自己有拖延的习惯，并愿意克服它

这是一切的前提。因为只有正视问题才能解决问题。

2. 看是不是因恐惧而不敢动手

害怕失败而迟迟不敢动手，这是爱拖延的一大原因。如果是这个原因，克服的方法是强迫自己做，假想我这件事就非做不可，最后你终会惊讶事情竟然做好了。

3. 严格的要求自己，磨炼你的毅力

意志薄弱的人常爱拖延。磨炼意志力不妨从简单的事情做起，每天坚持

做一件简单的事，例如写日记。

4. 严防掉进借口的陷阱

各种借口，例如“时间还早”，“现在做已经太迟了”，“准备工作还没有做好”，“这件事做完了又会给我其他的事”等等，不一而足。

5. 避免做了一半就停下来

这样很容易让人对事情产生厌烦感。应该做到告一段落再停下来，会给你带来一定的成就感，促使你完成剩下的工作。

别再拖延了！任何美好的愿望只有在克服拖延习惯的前提下才有实现的可能。要知道，拖延是一种习惯，立即行动也是一种习惯，不好的习惯一定要用好的习惯来代替。如果拖延的事情迟早要做，为什么要等一下再做？也许等一下就会付出更大的代价。那么，现在我们来问问自己，在日常生活中，有哪些事情是你最喜欢拖延的，现在就下决心将它改变。立即行动，这样就能变被动为主动，抓住机会，把事情做得更好。

如果你梦想成为知识专家，那就立刻看看自己适合研究什么专业，立刻分析现在社会的前沿信息是什么，立刻专心于读书学习，立刻开始选书目、定方向、写笔记，立刻开始阅读，不要拖延时间；如果你梦想成为一流的营销员，成为亿万富翁，那就立刻开始研究产品、市场、人脉、营销，立刻拿起电话，买上车票，奔赴营销第一线；如果你梦想成为政治家，那就立刻学会演讲、写作、协调，立刻研究人脉、社会、研管理……

“拖延症候群”的信号有哪些

有人说，只有行动才能缩短自己与目标之间的距离，而拖延是行动的大敌，拖延将不断滋养恐惧，任何成功的人都把少说话、多做事奉为行动的准则，通过脚踏实地的行动，达成内心的愿望。那些有拖延症的人总是用种种说辞为自己开脱：“对方不配合”，“不可能的任务”，“苛刻的老板”，“无聊的工作”……随之而来，我们会陷入“工作越来越无趣”，“人生越来越无聊”的泥潭中，愈加懒惰，愈加消极，愈加无望。我们把这些有拖延习惯的人称之为拖延症候群。

如果你是一个有拖延症的人，那么，也许你自己都不会承认，在你的内心，总是有一个声音：“以后再说吧。”这就是一种情感阻力，如果没有这种阻力，那么，你的执行力将提高很多。

在面对某些事时，我们会明显感到难度，这会让我们产生不快的感觉，此时，拖延的人就会找“以后再说”这样的借口，他们会劝慰自己：“等等看，也许事情会好转”，其实正如我们前面说的，这只是一种逃避和麻痹，你要告诫自己，即便事情拖到了最后也未必会改善，解除困境需要我们辅以激情。

其实，拖延不仅不能省下时间和精力，反而使人心力交瘁，疲于奔命。如果这样还不够把你从拖延的梦魇里揪出来，那我只能杀下最后一棒：“拖延消耗的不仅仅是精力，而是生命！”

那么，你有拖延症吗？不妨来给自己做个测验吧：

（1）在你的工作清单里，有很多事，你也清楚哪些事更重要，哪些事次要，但你却还是选择了将那些不重要、难度小的事先做了，而越是重要的，反而越拖延。

（2）每次工作前都选择一个整点开始：一点半、两点……

（3）不喜欢别人占用自己的时间或者打扰自己工作，但其实最不珍惜时间的是你自己。

（4）原本你已经准备定下心来工作了，但还是在开工之前去冲了杯咖啡或者泡了杯茶，并给自己一个借口：这些饮品会让自己更易进入状态。

（5）在做某件事过程中，一旦出现了突发事件或者想法有变化，就立即停下手头的工作。

以上5条若有3条以上符合，恭喜，你已加入“拖延症候群”。将拖延症进行细细划分，我们还可以将其分为四种。

1. 学习型拖延症

顾名思义，就是对待学业上的事总是一拖再拖，面对众多需要学习的科目、需要参加的学习活动等，他们没有紧迫感，也不着手处理和学习。很明显，怠慢学习的人，是很难有好的学习成果的，知识的获得应当是与勤奋相关联的，鲁迅说过："伟大的事业同辛勤的劳动成正比，有一份劳动就有一份收获，日积月累，从少到多，奇迹就会出现。"勤奋可以使聪明之人更具实力，相反，懒惰则会使聪明之人最终江郎才尽，成为时代的弃儿。

南北朝时，有一位名叫江淹的人，他是当时有名的文学家。江淹年轻的时候很有才气，会写文章也能作画。可是当他年老的时候，总是拿着笔，思考半天，也写不出任何东西。因此，当时人们谣传说：有一天，江淹在凉亭里睡觉，做了一个梦。梦中有一个叫郭璞的人对他说："我有一支笔放在你那里已经很多年了，现在应该是还给我的时候了。"江淹摸了摸怀里，果然掏出一支五色笔来，于是他就把笔还给郭璞。从此以后，江淹就再也写不出美妙的文章了。因此，人们都说江郎的才华已经用尽了。

也许有人会说，我还年轻，有大把的时间，但你可能没有意识到的是，现在的你还是聪明的，但如果你不继续学习，就无法使自己适应急剧变化的时代，就会有被淘汰的危险。只有善于学习、懂得学习的人，才能具备高能力，才能够赢得未来。

2. 工作型拖延症

你是否经常在上级一催再催后，才将某个报告交上去？你是否每天早上在进入办公室后花半个小时的时间回味昨天晚上的电视剧情节？你是否习惯了在坐下之前跟同事说几句话……如果你总有这些习惯，那大概这就是为什么你总是不被上司赞赏的原因了。

伍迪·艾伦说过："生活中90%的时间只是在混日子。大多数人的生活层次只停留在为吃饭而吃，为搭公车而搭，为工作而工作，为回家而回家。他们从一个地方逛到另一个地方，使本来应该尽快做的事情一拖再拖。"的确，因各种事由造成拖延的消极心态，就像瘟疫一样毒害着我们的灵魂，影响和消磨着我们的意志和进取心，阻碍了我们正常潜能的开掘，到头来终将使我们一事无成，终生后悔。

3. 婚恋型拖延症

可能你也发现，在你的身边，剩男剩女们越来越多，你可能也是其中一员，为什么会剩下，其实也是“拖延”的结果，我们总希望能在工作生活如意的情况下谈及爱情、婚姻，认为“不着急”，但如今，我们真的“着急了”。

4. 亲情型拖延症

“树欲静而风不止，子欲养而亲不待”，这是人生一大悲哀。很多时候，我们总在感叹，等我有钱了就陪父母去旅行，去和爱人和孩子享受天伦之乐，但时间不等人，亲情也不能等，如果想表达你对亲人的爱，别再拖延了吧。

总之，生活中的人们，无论是工作、生活还是学习，大事还是小事，凡是应该立即去做的事情，就应该立即行动，绝不能拖延，要尽全力日事日清。我们的一生中，确是有很多个明天，但如果把什么都放在明天做，那明天呢？明天的明天呢？有句话说得好，“我们活在当下”，明天属于未来，我们只有把握好现在，才能决定明天的生活。

你能跳出拖延的习惯性怪圈吗

在我们每天的生活中，很多人总是在上演拖延的戏码，那么拖延为什么会发生？又会在什么情况下发生，对这些情况了解得越多，越有助于我们克服拖延症。多数拖延症的产生，是因为拖延心理在作怪，我们总是会给自己找各种各样的理由，比如：我不知道为什么要去做这件事；太难了；万一失败了怎么办；我肯定不行；我想做的更好点；我为什么要听他的；我不知道该怎样处理和她的感情……这些都是拖延者的最终心理，在事情开始的阶段，他们也有着美好的愿望，但随着时间的推移，他们的心态发生了变化，最终还是没将事情完成或者高效地完成。影响未完成的因素有很多，但这是一个恶性循环的过程，被我们称为“拖延的习惯性怪圈”。

当然，每个人拖延过程的周期长短是不一的，但都是从一个美好的愿望开始然后到一个失望的结局。也许在过去的几年、一年或者几个月内，你都陷在这个怪圈内，找不到跳出来的出口，那么，你有必要对这个怪圈再进行一个更深层次的了解。

1.“这次我想早点开始。”

刚开始的阶段，我们往往充满自信，认为自己这一次一定能做到，于是，在着手做这件事之前，我们用这句话给自己打气。我们认为自己一定会按部就班地将这一任务完成。尽管你也明白，你不可能马上就做好这件事，这需要时间，但你还是相信：无论如何，我会努力。也许只有在经过一段时间后，你才会认识到自己正在逐步远离这一愿望。

2.“赶紧开始把。”

事情开始的最好时机已经过去了，实际上，你没有认识到自己原来美好的愿望已经不复存在了，但是你还会安慰自己，如果开始还是来得及的，所以，你对自己说：“赶紧开始吧。”你虽然也也有了焦虑的情绪，压力也向你走来，但你明白，时间还早着呢，不必太担忧。

3.“我不开始又怎么样呢？”

又过了一段时间，你还是没有做手上的事。现在，盘旋在你脑海中的已经不是那个最初美好的愿望开端了，也不是那个会让你焦虑的压力了，而是到底能不能完成。一想到自己可能完成不了，你开始害怕起来。然后还有一连串的想法：

A.“我该早点开始的。”你明白自己已经浪费了太多时间，你不断地责备自己，你在想，如果早点开始就好了。但我后悔也没什么用了。

B.“做点其他事吧，除了这件……”在这个阶段，你确切地知道自己该做什么事，但是你却在逃避这件事，反而去寻找其他一些可以替代的事，比如整理房间、按照新食谱去饮食，这些事情在从前并没有那么吸引你，但现在，你却狂热地喜欢上了它们，因为这样，你能获得一些心理安慰，“瞧，至少我做成了一些事情！”你甚至会产生一种错觉，你原本并没有做到的事也会因为这些事的完美完成而增色不少，但实际情况当然不是如此。

C.“我无法享受任何事情。”已经被你拖延了的事始终萦绕在你的心头，你也希望通过其他一些事来转移自己的注意力，比如看电影，做运动，与朋友们待在一起，或者在周末去做徒步旅行，但实际上，你根本无法享受这些活动带来的快乐。

D.“我希望没人发现。”

时间已经过去很久了，但事情却一点眉目也没有。你不想让他人知道你现在糟糕的状况，所以你会寻求其他种种方式来掩护。你让自己看起来很忙，即使你并未在工作，你也会努力营造一种假象，或许你会避开同事们、离开办公室等，表面看起来，你在为原本的工作忙碌，但只有你的内心知道，事情已经被延误了。

4.“还有时间。”

此时，虽然你觉得内心愧疚，但还是抱着还有时间完成任务的希望，还是希望会出现能完成任务的奇迹。

5.“是我的问题。”

此刻你已经绝望了。因为你深知，不但原本的美好愿望没有实现，就连最后希望出现的奇迹也未出现。你的愧疚和后悔都已无济于事，这时你开始怀疑自己：“是我……我这个人有毛病！”你可能会感觉到：是不是在某些方面做得不到位，或者缺了什么，比如，自制力、勇气或运气等，为什么别人能做到呢?

6. 最后的抉择：做还是不做

到了这个时候，你只有两个选择了：背水一战或干脆不开始做了。

选择之一：不做。

“我无法忍受了！”内心巨大的压力让你实在难以忍受了，另外，剩下极少的时间也表明，再去开始做，希望也很渺茫。于是，你干脆告诉自己：“算了，放弃吧。”并且，你还会自我安慰：“反正都没用了，何必庸人自扰呢。”最后，你逃跑了。

选择之二：做——背水一战。

A.“我不能再坐等了。”此刻，压力已经变得巨大，你已经认识到时间的重要性，你这样告诉自己，“哪怕一秒钟也不能浪费了”，你很后悔自己浪费了时间，你感到哪怕最后搏一把也比什么都不做强得多，于是，你决定再努力一把。

B.“事情还没有这么糟，为什么当初我不早一点开始做呢？”你对事情的难易程度再做了一次评估，惊讶得发现，虽然它很困难，但却也没想象中的那样痛苦，而且，最重要的是，现在的你已经着手在做了，这让你觉得充实很多，你也为此松了一口气。你甚至还找到了其中的乐趣，你所受的折磨看来根本是不必要的，“为什么当初我没有上手做呢？”

C.“把它做完就行了！”离原本胜利的目标不远了，事情马上要做完了。你从未觉得时间如此重要，你不容许自己浪费一分一秒。这就好比一场冒险游戏，当你沉浸其中，发觉时间不足时，已经没有任何多余的时间去进行计划、思索了，你把所有精力都放到了如何将这件事完成上，而不是将事情做到最好。

别让自己陷入越拖延压力越大的恶性循环中

总有人这样感叹：“压力真是太大了，总有很多事做不完。”其实，你的压力从何而来呢？如果从不拖延时间，还会如此忙碌吗？你是否有过这样的经历：周一的早上，整装待发的你来到公司，上司交代给你一件任务，并嘱托你这件事十分紧急，周一下班前必须交上去，你连连点了头，你明白这是上司在给你表现的机会。你暗暗下决心，一定好好工作，不过不急，还是先把办公室后收拾一下吧，太乱了；还有，最好先冲杯咖啡，早上人的精神状况不是很好；再看下微博吧，看看周末好友们都去做什么了；新闻也该浏览浏览……就这样，一个小时过去了，两个小时过去了，你的工作还未开始。

相信这是很多职场白领工作的写照，你是不是经常陷入这种泥潭中不可自拔，你是不是觉得压力很大，甚至已经无法透气了。我们发现，在接受一项工作任务后，由于拖延，时间慢慢流逝，我们也会逐渐变得焦躁和不安，在这样的情绪下，我们会选择更多其他的方法来逃避，到了工作的截止日期，我们开始坐立不安、充满焦虑感，压力直接扑向我们，让我们十分难受。

其实任何一名拖延者都清楚这是一个恶性循环，也知道拖延的负面效应，但他们还是似乎无法避免地进入到这个泥潭中，那么，为什么会这样呢？我们大致分析了一下，原因有：

第一，太过自信。

一些人在接受任务时，会想："太小儿科了，根本不值得我花费精力和时间去处理，过两天再说吧，不着急。"然而，他们轻看了事情的难度，当时间接近尾声时，他们再着手开始处理的时候，发现时间已经不够了。

第二，自信心不足。

与第一种情况完全相反，这些人对自身的能力进行评估时认为，自己能力不够，会影响其他同事的工作进度，尤其是被其他人催促后，他们的自卑感更严重了，于是，为了逃避这种心理，他们就选择了拖延。

第三，排斥工作。

一些人面对难度大、费时多的工作，便产生了一种厌烦的情绪，于是，他们便能拖多久就拖多久，甚至到最后时间也不愿意开始执行。

其实，日常工作中，我们在执行某项任务时，总会遇到一些问题。而对待问题有两种选择。一种是不怕问题，想方设法解决问题，千方百计消灭问题，结果是圆满完成任务；一种是面对问题，一筹莫展，不思进取，结果是问题依然存在，任务也不会完成。

第四，拖拉的坏习惯。

丹丹是一家时尚杂志的专栏作家，她从事这个行业已经五年了，她通常的工作方式是：当领导把任务交给她的时候，她每次都会从傍晚时就开始酝酿感情，但是她会去超市买几包零食，比如，酸奶、咖啡、薯片等，然后回到家，打开电脑，吃完零食、和聊天工具上的朋友们都聊完以后再玩几个小游戏，不知不觉时间过去了，当大家在网络上跟她说晚安的时候，她也想睡觉了，但是稿子还没赶出来，所以她只好打开文档，开始慢吞吞地敲着字，交上去的稿件总是比预定时间晚，也总被领导训斥，丹丹其实也不想这样，但每次她似乎都是走不出这个怪圈。

撰稿人丹丹就是个习惯性拖拉的人，假如她能改掉这一不良的工作习惯，也许工作效率会提高很多。

可见，拖延势必会造成压力，而压力过大对于一个人的负面影响是毋庸置疑的，那么，我们如何才能走出这样的恶性循环呢？

1. 制订工作计划

在开展工作时，我们可以作出一个详细的关于每月或者每周的工作计划，并养成一种良好的工作习惯，避免工作时紧时松，使工作时间得到合理安排是完全可行的。

2. 克服畏难情绪，规定自己首先处理一些重要事务

我们每天都要处理很多事务，可对此，很多人认为，先处理那些不紧要的事务，会起到激励自己的作用，实际上，这种想法是错误的，把最紧要的事情拖到最后来干，你会发现，经过一天疲惫的工作后，你已经没有精力和时间来完成它了。

而我们之所以有这样的想法，实际上是因为有畏难情绪，是有意识地回避那些重要的、难度大的工作。因此，我们一定要克服这样的心理倾向，首先着手于最重要工作，用足够的时间、精力来处理它，并把它办好。

3. 为自己设置一个必须要完成的期限

曾经有个实验，面对一个学习平均成绩很低的儿童，家长准备让他修学分最低的功课，但儿童心理学家却提出了完全相反的意见——建议他多修一些课。结果出乎大家意料，这个学生多修课后，所有功课成绩不降反升。事实上，这个学生要做的就是打起精神，提高学习效率。

很简单的道理，如果我们发现距离最后期限的时间还尚早，那么，我们也不会有紧张情绪，而随着时间的迫近，我们的紧张情绪就会增加；到了最后期限，我们完成任务的积极性、关注度就会完全被激发出来。

为克服惰性，避免拖拉的现象，我们应该为工作设置一个尽可能短的完

成时限，通过给自己压力而产生动力，这样，所有的工作便能尽快地完成；而对于那些对未来起重要作用的长远目标和长远规划，则应进行合理分解，并为这些分解后的目标也设置一个个严格的时限，这样做的好处是防止我们在日常工作中将这些小目标忽视和遗忘。

总之，时间在现代社会里已成为一种有限的资源，为此，我们必须戒除拖延的坏习惯，这样，我们就能提高工作效率，减少工作压力，从而更轻松地工作、享受工作带来的乐趣。

因拖延而产生的压力如何卸下

相信很多拖延者都有这样的感触：虽然已经拖延了一段时间，但是手头上的工作还是不得不做，因为如果不做的话，就有可能被老板炒鱿鱼，还是硬着头皮、顶着压力工作吧……其实，这些处在拖延与高压下的人不在少数，为了薪水、升职、面子，他们承受了巨大的压力，还未进入中年，已经显得老态龙钟甚至身体已经开始敲起了警钟。可能你也对自己因为拖延而陷入困境中产生过悔恨之意，然而，下一次，还是会陷入这种泥潭中，久而久之，我们也对压力的存在习以为常了。

我们已经深知，工作中压力的产生，很大程度上是拖延造成的，而造成拖延的原因有很多，此处不一一列举了。不过，如何卸下压力却十分重要，因为任何一个人，长期处于高压下，最终都会被压垮。

从下面这几个方面努力，你便能变压力为动力：

第一，为自己寻找一个有价值的目标。

一些人总是拖延、觉得人生无望，就是因为他们找不到立即执行的原动力。有目标、理想的人绝不会陷入迷茫中。当然，树立目标的过程中，你的自我期望要建立在符合自己的实际情况、切实可行的基础之上。任何一个人都应该有自己的理想和志向，但这种理想和志向，不能是高不可攀的，也不应当是唾手可得的，而应该是通过一定的努力，可以实现的适宜的目标，应该符合个人的个性特点和实际能力水平。

当一个人总是带着明确的目标工作时，他还会总是寻找借口拖延吗？

第二，调整心态，变压力为动力。

同样是压力，有些人会觉得压得喘不过气来，有些人却能将压力踩在脚下。其实，压力的存在也能锻炼个人能力，关键看我们是怎样的心态。

美国麻省的艾摩斯特学院曾做过这样一个很有趣的实验：

他们在一个小南瓜的周围拴上了很多铁圈，目的是把小南瓜整个箍住，以观察南瓜长大时能承受多大的压力。

刚开始时，他们估计南瓜最多能承受500磅左右的压力。第一个月，他们发现南瓜已经承受了500磅的压力。到了第二个月，南瓜承受了1500磅的压力。而当它承受的压力达到2000磅时，研究人员就必须把铁圈捆得更牢了，否则南瓜就会将铁圈撑断。最后，整个南瓜承受的压力超过5000磅，瓜皮才破裂。

然而当他们打开南瓜后发现，南瓜已经不能吃了，因为在试图突破铁圈包围的过程中，它的果肉已经变成了坚韧牢固的纤维。为了吸收足够的养分以突围，它的根须延展到了整个培植园。

在压力面前，植物为了生存，会让自己变得更强，作为人更是如此，唯有压力才会使得我们不断改变自己，充实自己，使自己强大起来。

第三，提升能力，疏解压力。

很多时候，拖延的原因就是因为任务的难度大，此时，我们才感受到了巨大的压力。要解决这个问题，就需要我们懂得提升自身能力，方法有很多，比如、自学、参加培训等，当你拥有了处理问题的能力后，压力自然也就疏解了。

第四，多沟通，不单打独斗。

成功学大师拿破仑·希尔认为，“集思广益”是人类最了不起的能耐，不但可以创造奇迹，开辟前所未有的新天地，还能激发人类最大的潜能。所以，面对工作中的难题，千万不要一个人扛下来，面对压力，你也可以寻求他人的心理帮助。

每个人在不同时期都存在不同的心理压力，有的人会主动讲给别人，寻求排解，这是多数人选择的排解方式，而有相当一部分人内心的苦痛不轻易示人，只顾自己烦、闷、气，时间长了形成心结，心结多了就形成心理疾患。如果你将委屈、懑闷讲给你所信任的人听，他会规劝开导你，有时可直接帮助你。哪怕你痛哭一场，你的心理压力也会减轻很多。此时一个痛苦变成了半个痛苦，这就是解决问题的办法。

第五，做好工作和生活的平衡，别把压力带回家。

工作是工作，生活是生活，把工作中的压力带回家，不仅让你自己得不到休息，你的家人也得不到休息。聪明的人在回家之后，从不会思索工作中的烦心事。

第六，要有充足的睡眠。

你应该合理分配单位工作、学习、休息的时间，做到劳逸结合，把握好工作节奏。

第七，掌握几种日常减压方法。

你可以采取以下几种方式减压。

1. 倾诉

当你心中积满苦闷、烦恼、抑郁等不良情绪无法疏散时，可以向父母、同事、知心朋友尽情倾诉，发发牢骚，吐吐委屈。这样使消极情绪发泄出来后，精神就会放松，心中的不平之事也会渐渐消除。

2. 想哭就哭

心理学家认为，哭能缓解压力。心理学家曾给一些成年人测验血压，然后按正常血压和高血压编成二组，分别询问他们是否哭泣过，结果87%的血压正常的人都说他们偶尔有过哭泣，而那些高血压患者却大多数回答从不流泪。由此看来，让情感抒发出来要比深深埋在心里对身体有益得多。

3. 忙里偷闲，放松心情

当你意识到自己要放松，但无论如何都很难做到、浑身紧张的时候，就应该学着忙里偷闲放松心情，给自己制造一个放松的空间。

总之，面对因拖延而产生的压力，我们不必抱怨压力太大，压的自己喘不过气来。也不必逃避，因为有压力，才有动力，压力带给我们的不仅仅是痛苦和沉重，还能激发我们的潜能和内在激情，让我们的潜能得以开发。所以，面对压力，我们最好采取一些分解的方法，这样，我们的意志力和自控力也会被调动起来，还能逐步解除拖延心理。

第3章 拖延心理的博弈：为什么最终选择拖着

生活中，我们经常听到一些拖延者解释自己的拖延行为：“我天生就拖延，没救了。”其实并不是如此，拖延行为是后天所致，而并不是先天形成的，他们这样解释，也无形中会形成一个心理定势：我无法改善现状，无法克服拖延的习惯。其实，要突破拖延的心理怪圈，我们首先还是要找到拖延的根本原因。那么，到底是什么让我们最终选择一直拖着呢？

拖延行为的产生是先天形成还是后天所致

对于拖延行为产生的原因，在学界历来众说纷纭，有的学者给出了生理学上的原因，他们认为，在人的大脑中，负责人的执行功能的是前额叶皮层，并起到了过滤的作用，以此来降低其他大脑的某些部分带来的分散注意力的刺激，而这个部分的活性降低或者损伤，都会减弱这种功能，进而人的执行能力也会受到一定程度的影响。

也有一些学者给出了心理学层面的原因，他们认为，随着人的成长，我们的接触面也在不断地扩大，在充满挑战的社会生活中，我们的心理也在逐步发生着变化，也就逐步形成了拖延的习惯，有的还掉入了拖延的怪圈。

学界说法不一，那么，拖延行为的产生是先天形成还是后天所致呢？其实是后者。我们先来听听几个职场人士是怎样阐述自己的经历的：

小刘现在是一家食品公司的车间主任，在这个岗位上他已经工作三年了，闲下来的时候他会回忆曾经那个充满斗志的自己。三年前，他是一名基层员工，每天都会早早地起来，然后来到车间工作，每每领导来视察的时候，他都在埋头工作。接连一年多的时间，他每个月都会被评为生产模范，因为工作努力，他被领导选拔为车间主任。

然而后来，身为基层管理人员的小刘开始懈怠了。比如，中午吃完饭，原本他准备去看看车间生产情况，但听到其他主任说：“急什么，有工人在，等会儿再去也行啊。”小刘心想也是这个道理，便决定睡个午觉再去工作，醒来的他看到其他领导都在打牌，心里痒痒，也加入其中，大家一起抽抽烟、喝喝茶，一下午时间又过去了。

琴琴原本是个很勤快的女孩，但结婚以后，她发现自己变得十分懒惰，什么事情都是能拖就拖。工作上如此，生活上也是如此。周末早上，丈夫先起了床，还为她做好了早饭，丈夫来到卧室叫她起床，她推脱着说：“不着急，再睡会儿，周末呢。”快中午了，丈夫说：“不是说今天去逛街的吗？还是起来吧。”她回答说：“好困，你先玩玩电脑，我起来收拾好再出门。”丈夫深深地叹了口气，原来的那个可爱、勤快的女人去哪儿了？

上面两个案例中，小刘和琴琴的经历告诉我们，很多人不是天生就是拖延，而是后天逐渐形成的。形成拖延的原因有很多，比如对他人的模仿、周围环境的影响等。针对这个问题，我们再做三点分析：

1.人的先天特点中没有拖延

所谓先天，顾名思义，就是生来即存在的、未曾经过雕琢的。从我们来到这个世界的那一刻起，我们就如同一张白纸一样，除了对生理的基本需要，我们一无所知。那个时候除了大声啼哭以证明我们饿了、渴了以外，我们不懂得任何表达的行为。随着我们的逐渐成长，获得知识、被父母长辈教导，逐渐对这个世界有了认知。

我们的很多行为都是在逐步成长的过程中形成的，是受到了来自外界的诸多因素的影响。我们的心理也逐渐发生了变化，即便一些学者认为人的拖延行为与生理因素有关，但这并不代表拖延就是先天形成的。另外，我们的身体机制的运行是自然而然的，虽然我们的身体器官接受了大脑的指令而执行了拖延的行为，但执行功能的弱化也并非天生，而是后天因素的影响。

随着我们逐渐进入社会、开始参与激烈的社会竞争，我们的内心所承受的压力越来越大，我们所接受的任务难度也在逐渐加大，于是，我们便产生了逃避的行为，也就是拖延。

2. 拖延产生的原因部分源于外在环境的因素

有时候，我们会认为那些拖延者总喜欢给自己找借口，固然是借口，但也表明了一点，人的行为是容易被周围环境的变化而影响的，比如，因为天气恶劣，我们没有及时到达公司；因为生病我们没有按时将任务交给上级等。在拖延者身上，是存在心理和行为分离这一特点的。他们明明知道该怎样做、该如何行动，但实际情况确是他们没有按照自己内心真正所想的去做。比如，原本打算周四前去某个地方，却到周末了还没有去。原本计划下午约见客户，但到中午了还没给客户打电话。

很多人总是会以此来作为行动拖延的借口，并且，在自己的拖延行为没有造成恶劣后果前，会不断允许自己这样做，最终，真正的拖延习惯就形成了。

3. 人的后天心理变化形成拖延习惯

还记得孩提时代，我们无忧无虑，家长让我们去做什么，我们立即就去做。那是因为我们没有压力，随着时间的推移、我们不断长大，有了烦恼，再到进入社会，面临着激烈的社会竞争，我们开始有了做不完的工作，面对我们不想做的事，还是必须硬着头皮去做，工作任务越来越难，我们也觉得自己被压得喘不过气来。此时，我们会产生逃避的心理，只要发现有一点空隙的事件可以拿来拖延，我们绝不放过，尽管我们了解，这些工作我们还是必须要去做。

另外，在个人能力没有提升的情况下，我们总是觉得无能为力，认为自己做不好，久而久之，也就产生了自卑心理，自卑心理的出现，更让我们有理由去抵制那些高难度的工作。

我们在生活中，经常听见别人说："我生来就爱拖延，这是改不了的毛病。"一旦在心理认定这一点，我们就产生了一种不愿意改变现状的心理定势，因此我们必须认清一个事实——拖延行为的产生不是先天形成，而是后天所致，相信这一点，我们就有意愿和能力逐步克服自己拖延的行为，只要我们将自己的想法付诸行动，并努力坚持，相信会取得很好的成效。

别小看了行为的模仿和学习

在前面的分析中，我们已经了解到，人的拖延行为并不是先天形成，而是后天所致，是受外界环境因素的影响和后天心理变化而产生的，因为拖延行为和习惯的产生，我们的预期目标总是无法完成。相信你曾经历过这样的场景：原本你打算开始工作，但看到其他同事在一起聊天喝茶，你的心情也放松了很多，认为自己也可以不着急。我们也常常这样安慰自己："他们都还没开始呢，不着急。""每次他们开始一半了，我才开始也能完成工作，他们都还在娱乐呢，我也可以等一等。"我们总是以他人的标准来看自己的行为，如果看到别人还未实施，我们就好像获得某种恩准一样可以不工作。

事实上，在我们的工作和生活中，我们的拖延行为和习惯的产生，也是与周围人的影响有着密切的关系，对他人行为的模仿和学习也常常让我们陷入拖延的沼泽中。

只要我们处于一个集体中，都会不自觉地以他人作为参照物来衡量自己的行为，也会模仿和学习他人的行为习惯，尽管这些习惯未必全是积极的。我们来看下面的案例。

小徐是个很热情活泼的年轻人，他在一家广告公司工作，他聪明、办事能力强，与周围人的关系相处得很好，也深知协作的重要性，所以他总是保持着和同事一致的工作进度。这天，领导又交给大家一个任务，希望大家能分工完成。

这天中午，小徐问另外两个同事："你们开始做了吗？"

"没有，周四开始也来得及呢，这个项目我们有很多经验，花不了多少时间的。"

"就是啊，每次我们交上去了策划案，领导还不是过了好几天才看。"

小徐听到这里，也觉得是这个道理，于是，就和其他同事一样拖到最后才开始。

妞妞是一名大二的学生，她住在一个四人间的女生宿舍，四个女孩的关系非常好，无论是上学、放学，还是吃饭、睡觉都是同一个节奏。

妞妞是个农村孩子，在老家的时候是个十分勤快的女孩，学习也一直勤奋、努力，做事积极，而她的另外三个室友都是富裕家庭的孩子，娇生惯养，有着一些不好的行为习惯，其中就有拖延，在经过了一年多的相处后，妞妞也顺从了他们的习惯。

这天上午九点半有堂课，现在已经八点半了，大家都还没起床，妞妞问："你们还不起来啊？"

"再睡一下吧，九点起来也可以。"小美回答。

"就是，半个小时足够了。"

"那好吧。"于是，大家又沉沉睡去。过了一会儿，妞妞一看表，已经十点了……

上面两个故事中，职场白领小徐和学生妞妞为什么会产生拖延的行为习惯？原因当然有很多，不过最重要还是周围人的影响，他们看到周围人迟迟未开始，自己获得了心理安慰，也就没有紧迫感。

其实这一情况在我们很多人身上都发生过，我们常说："近朱者赤，近墨者黑。"这就是环境对人的影响。一个人最终能形成良好的习惯还是恶习，也是环境对我们作用的结果。

具体来说，以下三种因素会让我们产生拖延行为。

1. 从众心理让我们一拖再拖

我们都是社会的人、集体的人，任何人都不可能单独存在，我们是家庭的成员，是企业的成员，所以，无论你是什么身份，你都会接触到各种各样的人，你的行为也会受到他们的影响。

同样，在你的工作环境中，也总是有一些和你关系要好的同事。试想，快到下班时间了，你的任务还没完成，你原本想，再工作一会儿，别把工作拖到明天，但这时，你的铁哥们儿已经朝你走过来了，他兴致勃勃地对你说："走，晚上去喝一杯，兄弟几个好久没聚了。"

"可是我的工作还没做完呢。你们去吧。"

“去吧去吧，大家都等着你呢。”另外几个同事也走过来说。

此时，你动摇了，也就跟同事一起下班了，你的工作，也被你抛到九霄云外了。

的确，人都有从众心理，尤其是面对那些烦琐的工作、沉重的压力，这一心理就会被激发出来，只要我们找到行为的榜样，我们就会效仿他，就在不知不觉中形成了拖延行为，并且一旦形成，成为习惯，便很难改变。

2. 我们能从他人的拖延行为中获得心理安慰

自古以来，人与人之间都会比较，甚至是攀比，有些人会攀比某些外在的因素，比如金钱、社会地位等，一些人会在行为上进行攀比，同样的工作，别人有没有做。这不是刻意的比较，而是无意识的，以此来获得某种心理平衡或者证明自己的价值。

同样，在工作中，当我们看到周围的同事还未着手做某件事时，我们也会告诉自己：他都没开始呢，我何必着急？或者我们的心里有这样一种声音：我们能力相当，他也没做，如果我们同时晚点做，我是能在他前面完成的。这样，无形中，你们并未同时努力工作，而是同时将工作推后了。

3. 对他人拖延行为的模仿

我们从出生开始，就在学习和模仿，我们学习如何走路、说话、识字等，这些是好的模仿行为，但也有一些不好的，比如说脏话、懒惰、拖延等。

的确，从正面的、积极的学习和模仿中，我们不断成长、获得知识和技能，然而，对那些不好的行为习惯的模仿，让我们变得消极怠惰。比如，当你看到周围的人都没有完成工作也没有什么严重的后果时，你便暗示自己，我也不用那么快完成工作，慢慢来吧，结果可想而知，我们便陷入了拖延的泥潭中。

还有一点，我们总是希望自己能被周围的人喜欢，都希望自己能合群，对于众人的拖延行为，如果你鹤立鸡群，与众不同的话，势必会被排挤出去，为了避免这一点，在潜移默化中你也在学习如何拖延。

总的来说，我们的拖延行为在很大程度上是源于对周围人的模仿和学习，这能使我们获得心理安慰，对此，千万不可小觑这一负面影响，认识这一点，当我们处于某一集体中时，一定要懂得去其糟粕，取其精华，否则便会对自己产生不利的影响，形成拖延习惯，甚至难以自拔。

宽容，让我们不断地拖延

也许你也是一名拖延者，和所有的拖延者一样，在你的内心其实也意识到自己的拖延行为，也希望自己可以戒除这一行为习惯，然而，每次当你满怀希望地认为自己可以努力做到立即实施时，你还是被自己打败，然后还是不断地拖延、陷入拖延心理的怪圈。难道拖延对我们的诱惑真的就那么大吗？到底是什么让我们在不断地拖延呢？

前面，我们已经分析过，拖延行为的产生是多种因素共同作用的结果，并非先天形成，而是后天所致，外在的因素，尤其是他人对我们的影响很大，然而，单单外在的因素是不能直接对我们产生作用的，还需要内因的共同影响，所以，不要再把所有的责任归结到他人身上，最根本的原因在于你自身。

那么，产生拖延行为的根源到底是什么呢？

我们知道，拖延怪圈就像一个恶性循环一样，在这一循环的过程中，我们看到的是，我们的拖延行为一次次被原谅，一次次被宽容，然后还是继续一次次地拖延，宽容我们的对象，可能是我们自身，也有可能是他人，无论是谁，我们总是走不出这样的怪圈。

小张在一家网络公司工作，平时的工作并不是很多，老板人很好，对于员工，他一直和蔼可亲，从不骂人，即便员工做错了。

小张在这家公司已经工作四年了，他也没有想过要跳槽的事，但最近，他的几个兄弟说换了新单位，工资翻了一番，小张心理痒痒，想问问他们是怎么做到的。

“哪一行都累啊，我们现在不比从前，虽然工资高，但也不轻松，以前工作还能偷偷懒，拖延一下任务，现在可不行，感觉随时都有人在催着我们做事，老板就像个剥削者一样，总是在压榨我们。”

“说的也是。不过话说回来，虽然我们老板很好。但在现在这家公司，我确实也感觉到自己越来越懒惰，无论什么事，总是一拖再拖，我也一直在寻找自己拖延的原因，但就是找不到。”小张说，“每次老板交代给我一件事，我觉得时间多着呢，不必着急，到老板催的时候我再开始也不晚，反正每次即使他催工作，我再晚几天他也不会说什么。还有，我发现，当我把工作成果交给他的时候，他还是照样把它放置到一边，过了好几天才会看。”

“你们老板也是个拖延者。”另外一个人说。

“是的吧，我觉得他也不会责备我，要知道，就这么一点薪水，他要再请员工，是没有人愿意被聘用的，所以可能是因为老板对我的宽容让我不断拖延吧。”

从故事中小张的经历看，他之所以不断地拖延，是因为他不断地被宽容。的确，无论宽容我们的是我们自身，还是他人，只要有宽容的存在，我们就找到了拖延的理由。我们再对这一问题进行分析。

1. 宽容自己的表现通常是找借口、为自己辩解

一旦我们的工作拖延了、我们迟迟未着手做某件事，我们总是能为自己找到各种各样的借口，尽管这些并不是真的原因。我们找借口只是为了宽容自己，让自己不受到内心的责备。

比如，我们经常会在内心告诉自己：“今天天气太冷了，去和客户谈生意，客户肯定心情也不好，所以我没去。”“女朋友昨天对我提出分手了，我的心情实在太糟糕了，我根本没有心情工作，这不怪我。”“晚上的汤实在太难喝，我到现在胃里还不舒服，实在无心加班。”我们似乎总是在等待一个绝佳的做事的时机，然而，这样的时机存在吗？随时，都有可能出现让我们情绪不佳的情况，难道我们就不需要工作了吗？

另外，即便我们心情不好、天气糟糕，我们还是可以坚持工作，因为我们的身体和大脑即使在这样的情况下还是能正常运行。当然，如果你一味地找借口原谅自己，那你只能浪费时间。可见，借口和自我辩解都只是为了让自己的内心好过一点，不让自己有过多的负罪感。

2. 来自于他人的宽容

为了减少负罪感，我们会宽容自己，我们告诫自己，下次我一定会努力开始工作，但下一次你真的做得到吗？也许你确实下了狠心，但你发现没，你的上司或老板似乎对这件事也并不是太在意，当你告诉他因为一些原因还未完成工作时，他告诉你：“没事，再给你几天时间，慢慢来。”此时的你怎么想，是不是认为既然老板都不着急，我何必着急？很明显，老板的宽容更纵容了你的拖延行为。

除了自身的宽容外，他人的宽容也是我们产生拖延行为和习惯的又一大催化剂，我们常会这样认为：我只是一名员工，老板都不在意我是否如期完成，我又何必在意！于是，你更加肆无忌惮。

还有一种情况，就如故事中的小张的领导一样，上司可能是也是个拖延者，他们也没有紧急意识，认为今天完成和明天甚至是后天并无分别，于是，我们也会“追随”他，认为何时完成工作无所谓。时间久了，你的拖延习惯形成后，也就陷入了拖延心理的怪圈。

3. 你总在告诉自己：“下次我一定……”

当你再一次拖延后，你对自己说：“这次虽然我没按时完成工作，但下一次我一定努力及早开始，然后准时完成……”所谓的“下一次”只不过是自欺欺人而已，当你进入了拖延的泥潭中，再想改善现状真的那么简单吗？我们还是在宽容自己，然后把希望放到下一次。当然，你已经认识到了自己的拖延行为，那既然如此，为什么不努力改变呢？

如何改变是我们真正需要关心的内容，这需要我们从改变自己的意识开始，也许你认为作为一名员工，上司是你的行为榜样，他宽容你，你就不必在意自己的拖延，但工作只是我们人生的一部分，如果把工作中的拖延行为带到生活，带入我们人生的各个方面，那么，我们永远都会比别人慢一拍，我们的热情、梦想都会丢下我们，这样的人生真的是你想要的吗？从这一点考虑，我们都有必要戒除那些自欺欺人的宽容，将拖延习惯连根拔除。

因为对抗焦虑，你认为晚一点执行也可以

现实的工作和生活中，当我们遇到一个新的环境或者遇到了一件我们难以预知和掌控的情况时，便在内心产生一种焦躁不安的情绪，有时甚至寝食难安、提不起兴趣，这就是焦虑。此时，我们会自动、自发地寻找可以对抗焦虑情绪的措施，比如、逃避、转移注意力等，当然，还有拖延，这样，你会心里舒服些。

我们常常听到一些人抱怨："这项任务难度太大了，我实在不想做。""这件事太烦琐了，还是吃完饭以后再开始吧。"当你说出这些话后，其实你已经在用拖延对抗焦虑情绪了。上级交代给我们的任务，总是带有一些让我们不愉快的因素，谁在工作时都不可能绝对称心如意，此时，我们内心的焦虑情绪就会产生，我们会不情愿马上去着手做这件事，只要我们发现还有可以拖延的时间，我们一定会拖延，直到必须交出工作成果。可见，为了对抗焦虑情绪，我们在工作中便认为晚一点执行也可以。实际上，在我们工作的圈子中，也可能包括我们自身，经常会采用这样的方式来对抗焦虑。

媛媛今年22岁，刚大学毕业，和其他大学毕业生一样都缺乏社会和职场经验，在亲戚的介绍下，她进入了现在的这家文化公司工作，主要负责稿件文字的校对、修改，还没一个星期，她就觉得压力太大了，领导考虑到她是没经验的新人，于是给他找了个师傅张姐。

张姐经常听到媛媛抱怨："天哪，100多页，什么时候才能弄完，还是明天开始吧。"好不容易到了第二天，媛媛修改了两三页，张姐又听到她说："真是烦琐的工作，修改半天才只有两三页，算了，还是吃完午饭再弄吧。"就这样，一个星期过去了，媛媛还是停留在刚开始修改的部分。这让张姐很头疼。

和媛媛一样，晶晶也刚从学校毕业，辗转了数十个招聘会后，她终于有幸成为一名服装设计公司的实习生，老板是个十分看重新人并有创新能力的

女性。

来到公司的第一天，晶晶就战战兢兢，生怕自己做错事。后来，老板让主管交给她一些设计手稿，希望她在看完这些手稿后能给出自己的意见，并写成报告的形式。晶晶明白，这是老板在考验自己，一定不能让她失望。可是，越是抱着这样的念头，晶晶越是害怕，越是担心万一自己的报告有失水准怎么办。这是一家很知名的设计公司，来公司实习的人也不少，到时候肯定是要让一部分人离开的。带着这样的焦虑心情，晶晶看到那些手稿只会发呆，然后她问自己："到底该怎么办？"她一拖再拖，始终没有翻开那些手稿。

从以上两则故事中，我们发现，媛媛和晶晶焦虑情绪产生的原因不同，媛媛认为工作太烦琐、内容太多而迟迟没有展开工作，而晶晶则是担心如果工作没做好会让领导失望、会失去工作机会，尽管原因不同，但是最后的结果相同，她们都采取了同样的对抗方法——拖延工作。

的确，当今社会，无论我们从事什么工作，都必须面临激烈的竞争和强大的工作压力，内心自然而然也就会出现焦虑情绪，此时，我们要做的，并不是一味地拖延来抵抗，而是应该积极舒缓自己的情绪，然后找出应对策略，让自己尽快投入工作中，具体来说，我们应该这样做。

1. 认识自己焦虑情绪的存在

其实，很多时候，我们在焦躁不安时，却并未认识到这一情绪会对自己造成什么不利影响。因此，一旦发现自己有焦虑情绪时，就应该学会自我调节、自我调整，把意识深层中引起焦虑和痛苦的事情发掘出来，必要时可以采取合适的发泄方法，经过发泄之后症状可得到明显减缓。比如，当你感到工作压力大、无法释怀的时候，你可以跟领导沟通下，寻求好的解决方式，这样也避免了因徘徊不定而造成工作的拖延。

2. 放松心情，舒缓紧张情绪

如果你面临一个新环境，或者接到一件难度大的工作时，你不要一直提醒自己这些不好的因素，有句话说智者调心。焦虑情绪的产生完全是由于错误的观念和消极的心理状态引起的。

你需要认识到，无论你的工作任务是什么，烦恼都无济于事，最主要的还是必须着手开始，只有这样，才能逐渐达到目标。为此，你首先要学会放空，让自己专注于身心。那么，什么叫放空？假如把人们的大脑比喻成一个容器，那么，放空就是把这个容器中使你焦虑不安的事情都忘记，或者把那些使你紧张得夜不能寐的情绪统统释放出去，取而代之的是淡然。

3. 专注事情本身，淡化焦虑

如果太注重工作的成功或失败，那么，最终的结果只能是你又将工作拖延了，只要你注重工作本身的特点及规律，专心致志地做好它，你就会收到意想不到的效果。

4. 建立自信，相信自己能做好

那些易对工作产生焦虑的人，通常都有自卑的特点，遇事时，他们多半会看低自己的能力而夸大事情的难度；而一旦遇到挫折，他们的焦虑情绪和自卑心理更为明显。因此，在发现自己的这些弱点时，就应该引起重视并努力加以纠正，绝不能存有依赖性，等待他人的帮助。有了自信心后就不会再因焦虑而拖延工作了。

5. 与时俱进，努力提升自己的能力

一个人只有保持思想、技术上的先进性，才拥有更强的处理问题的能力，才能在遇事时找到最佳的解决方法，而不至于因为手忙脚乱而陷入拖延的泥潭里，因此，作为一名职场人士，我们要懂得时刻为自己充电，要随时随地学习，只有这样，你才能有不断提高自己的意识，才有更强的应变能力。

6. 多交一些行动迅速的朋友

与什么样的人在一起，你就拥有什么样的行为习惯，行为拖沓的同事，只会让你也效仿他，为此，你最好结交那些看起来积极向上的同事和朋友，这样，你也会产生更多的能量和自信心去着手解决难题，而不是逃避。

总之，无论我们做什么事，要想真正解决问题，就不能逃避，立即行动起来，焦虑才会无处遁形。

自我保护的目的，你认为不必要出类拔萃

拖延行为产生的原因有很多种，也有可能是众多原因一起作用的结果。一些人会对自己的拖延行为感到自责，并希望下一次能及时着手工作，但一些人似乎本身就不对工作结果抱有良好的愿望，在他们看来，只需要做一做就可以了，正是因为这样的心态，让他们不断地拖延工作。

我们都希望自己的工作能力得到肯定，这是证明自身价值的一种方式，同事的认同、上级的赞扬或者升职、加薪，这都是我们所在意的，也是我们内心脆弱的地方。然而，一旦我们因为拖延工作而失去这些的时候，我们便会在内心安慰自己：我根本不在意这些，我又没指望自己出类拔萃，其实这只是自我疗伤，越是自我麻痹，我们越是会拖延行动。

小贝在一家企业担任行政部门的文员，这是个“清水衙门”，平时也没什么大事，不过倒是和其他部门之间联系比较紧密，因为很多事都要经过行政部的批准。然而，在公司甚至部门内部，很多人都不知道有小贝这个人的存在，因为她太普通了，普通的长相、普通的学历、普通的职位，其实这不是最主要的原因，问题是小贝自身，她自己从来不争取什么，无论做什么，她总是慢悠悠的。

一次，一个关系不错的同事问她：“任务完成得怎么样了？”她回答说：“马马虎虎周末前能完成吧。”

“你没想过更好更快地完成工作，然后获得上级嘉许吗？”同事这样问。

“我没想过这一点，一般般就好了，我觉得没必要表现得那么优秀。”同事再没有说话。

和小贝一样，小秦也是个行动“迟缓”的职员。他是一名程序员，在IT部门，也是个几乎快被大家遗忘的人。

其实，从上学时代开始，小秦就是个成绩不好也不坏的学生，按部就班上大学，按部就班进入这家公司工作。不过他最害怕的是得罪别人，所以他从来不去争第一。

他热爱篮球运动，也很擅长篮球，一次，公司部门之间要组织一场篮球赛，大家知道小秦有这一爱好，便让他也报名，虽然小秦推脱了半天，但是盛情难却，小秦便答应了。后来，小秦听说，他的部门主管也会参加，他心想，万一主管所在的队输了，岂不是为自己树敌了。比赛这天早上，为这事儿思索半天，最终他还是找个借口称自己不能去了。后来，他的父母问他为何不参加，他说："我不想得罪人，反正我也没想比谁优秀。"

工作中的小秦也是这样的人。每次上交工作任务，小秦总是比其他同事慢半拍，只要能拖的，他一定拖，所以，公司的嘉奖名单中从来没有他，在公司三年了，他也一直未升职，更别说加薪了。有同事问他："你就没想过好好表现吗？"他的回答却是："我不需要那么优秀。"很多同事说小秦是个淡定的人。

以上两则故事中，我们可以看出，小贝与小秦都是拖延者，他们拖延的原因也都是因为他们不在意，不需要那么优秀，小贝认为"一般就好"，小秦则不希望"枪打出头鸟"，"不想得罪人"。但无论如何，我们都能看出他们的消极心态。

如果你也是这样的人，那么，不妨问一下自己，你真的不在乎吗？还是因为已经拖延了而不在意后果呢？真正的原因在后者。这种消极的心态一旦占据我们的内心，就不仅仅是工作拖延这一问题了，我们还会变得行动迟缓、精力不足、缺乏动力、食欲不振甚至可能情绪忧郁，严重的还会产生心理疾病。反过来，如果努力破除拖延的习惯，凡事立即行动，也会改变我们的生活和工作状态，让我们周身充满活力。

当然，一些人可能会认为，"枪打出头鸟"，那些在职场太进取的人，通常会成为别人嫉恨和打击的对象，聪明的处事方式是比别人慢一点，这也是保护自我的方式。的确，职场切忌锋芒太露，但这并不是鼓励我们做事拖延。毕竟，"做事"与"做人"不同，领导和上级欣赏那些会为人处世者，但他们也不希望员工行为拖沓、耽误工作。所以真正聪明的职场人总是奉行低调做人、高调做事的行为准则，他们从不放弃的一点便是努力学习、充实自我。

孙俪是一家软件公司的职员，和销售部其他女职员不一样，她从来不和这些女孩子一起叽叽喳喳，也不经常去逛街、买衣服，闲暇时间，她都会买一些书籍来看，因此，在进公司的两年时间里，她除了掌握销售本事外，还对软件技术方面有了一定的了解。渐渐地，技术部门的一些工作她也能接受，这让公司的其他同事都对她刮目相看。

老总迈克把这一切都看在眼里，本着培养人才的态度，他将选派出色员工前往德国总部学习四个月的机会给了孙俪。这决定一出，公司里的“白骨精”们全都嫉妒得红了眼睛。大家都知道：此前半个月，销售部经理已经移民海外，此次学习经历，无疑会为争夺销售部经理这个“肥缺”增添一枚重要的砝码。对此，孙俪当然也心知肚明。面对公司销售部很多老员工的怨声，迈克开了一个会，会上是这么说的：“软件技术，无论是技术还是销售，都要不断地进步，没有进步，就没有市场，在孙俪进公司的这段时间，她的进步是大家有目共睹的，我之所以把这个机会给孙俪，是想鼓励大家，在公司，都是用实力说话的。”听完后，迈克的那些员工们都不再说话了。

孙俪之所以能“鲤鱼跳龙门”，被上司直接提拔，并不是能言善辩，会拍上司马屁，而是她能不断地学习、充实自己。毕竟，现代企业，最排斥的就是工作效率低下的人。

总之，我们可以看出，对于很多拖延者的心理“我不需要那么优秀”只是一种自我安慰，或是为了不想让自己那么辛苦而找出的借口，这样，一旦他们行动拖延时，就不必自责，正是这样一种消极心理，导致了他们长期行为的拖延。为此，我们在工作过程中，有必要破除这一心理，努力调整自我。

抉择的瞬间：别再因为挑战自我而拖延

现实生活中，大部分人必须要面临各种各样的选择，比如读书时候选择什么专业、毕业了选择什么行业，到底要不要嫁给追求自己的男人，这些选择决定了我们的生活，甚至影响了我们的一生，无论你做出了什么样的选择，都不要后悔，否则，只会给你带来很多困扰。但更重要的一点是，无论做出什么抉择，都要全力以赴，而不是拖延。

事实上，太多的人花费了太多的时间在抉择上，他们衡量选择的利弊得失，他们总认为自己能选到最好的，其实，在左右选择和迟疑的过程中，大把的事件已经浪费了，机会也已经流失了。我们不妨先来看下面的故事：

法国哲学家布里丹养了一头小毛驴，每天向附近的农民买一堆草料来喂。这天，送草的农民出于对哲学家的景仰，额外多送了一堆草料，放在旁边。这下子，毛驴站在两堆数量、质量和与它的距离完全相等的干草之间，可是为难坏了。它虽然享有充分的选择自由，但由于两堆干草价值相等，客观上无法分辨优劣。于是它左看看，右瞅瞅，始终也无法决定究竟选择哪一堆好。于是，这头可怜的的毛驴就这样站在原地，一会儿考虑数量，一会儿考虑质量，一会儿分析颜色，一会儿分析新鲜度，犹犹豫豫，来来回回，在无所适从中活活地饿死了。

小毛驴在充足的两堆草料面前，却落得个饿死的下场，真是令人匪夷所思。可见，迟疑不定不仅对人们做出正确的行为无丝毫的帮助，还会让人们延误时机，甚至酿成苦果。而实际上，除了动物以外，人类似乎也在重复这个幼稚的错误。

人们拖延的一个重要原因就是他们觉得自己能找到最好的选项。而对于拖延的后果，他们也能找到自我安慰的理由：没有得到的就是最好的。下一次一定会更好。这样他们也就找到了拖延的借口，结果可想而知。

为此，我们需要明白两点：

1. 不要让时间在选择中浪费

任何一家大公司都致力于培养员工的执行力和决断力，实际上，那些成功的管理者，也正是因为他们能杜绝拖延的坏习惯。

有一位企业领导，他有个长处，那就是不受他人干扰，即使有人在他旁边唠唠叨叨，他也能静下心来把事情完成，并且，干净利落，绝不拖泥带水。他那种明快果决的本领，十分使人折服。不得不说，工作中的很多人都很难做到，他们常被身边的各种问题困扰、烦心，因为他们太容易被周围人的闲言碎语所动摇，太容易瞻前顾后、患得患失，以至于给了外来的力量可以左右我们的机会，这样，似乎谁都可以在我们思想天平上加点砝码，随时都有人可以使我们变卦，结果白白浪费了时间。

所以，当需要我们执行的时候，当断不断，必受其乱；为人行事，必须坚决果敢，当机立断，一旦决定下来就应该马上去做，如果前怕狼，后怕虎，只会白白丧失很多机会，考虑太多只会造成“竹篮打水一场空”的后果。

每个人都应该记住这个道理：只要是自己认定的事情，绝不可优柔寡断。犹豫不决固然可以免去一些做错事的机会，但也失去了成功的机遇。

同样，这个道理同样可以运用到如何抓住机遇上，在你决定某一件事情之前，你应该运用全部的常识和理智慎重地思考。如果发现好的展现自我的机会，就必须抓紧时间，马上采取行动，才不至于贻误时机。如果犹豫、观望而不敢决定，机会就会悄然流逝，后悔莫及。瞻前顾后的行动习惯使人丧失许多机遇，很多时候，很多事情，如果你能横下心去做，事情的结果就会大不相同。

不要小看了优柔寡断的习惯给你带来的副作用，许多本可以改变命运的契机，都因为优柔寡断而与我们失之交臂，永不再来。

2. 得不到的未必是最好的

人生在世，最珍贵的是什么？长久以来，大多数人认为世间最珍贵的东西是“得不到”和“已失去”。

人们常说，越是得不到的东西，才越觉得珍贵，这是为什么呢？这是因为得不到的东西，才会让我们不断去憧憬和幻想，才会不断去追求，有些人对于那些得不到的东西，即便飞蛾扑火、哪怕穷其一生也去追求。而一直得不到的感觉会牵动我们的神经，会让我们感到怅然若失，会深深印在我们的记忆里，会影响我们的生活和思想。

得不到和已失去固然珍贵，但这并不是最珍贵的，人间最珍贵的应该是当下。日休禅师曾经说过：人生只有三天——昨天、今天和明天。活在昨天的人迷惑，活在明天的人等待，只有活在今天的人最踏实。是的，已失去好比是昨天，得不到好比是明天。珍贵的昨天已经失去，不再回来；没有得到的明天还没有来临，不能把握。

同样，在对待工作时，一些人何尝不是这样的心态呢？对于那些我们“得不到的东西”，在付出热情后未必有回报，因为的确存在一些根本不可能完成的任务，热衷于这些事情又有什么意义呢？既然如此，为何不开始着手你手头的工作呢？我们最该专注的应是手头事，努力将它们做到最好，努力避免拖延行为的产生。

第4章 拖延的心理危害：别让拖延成为心理最大的压力

在现代社会，时间就是效率，就是金钱，任何人都在抓紧时间做事。然而，一些拖延者却总是在为自己找借口，他们的大致状态是：因为他们有太多的工作需要做，精神不振、状态不佳、情绪糟糕，但越是这样，他们越是拖延，他们始终处于这样的负面状态中，掉进拖延的怪圈。

拖延让你总是沉溺在悲观的情绪之中

工作中，我们犯错了，或者工作任务没做到位，被领导叫到办公室狠狠地批评了一顿，此时你是什么心情？是不是感到十分委屈？感觉自己在领导心里留下了极为不好的印象？是不是觉得自己日后在职场无立身之地了？一系列负面的暗示让我们的心情十分糟糕，我们沉浸在悲观之中，还有什么心情工作，于是，致使手头上的工作一拖再拖。

可见，悲观情绪会让我们产生拖延，产生更大强度的压力。

杰克是个多愁善感的小伙子，虽然他才二十几岁，但他已经显得老态龙钟了，他从来不与朋友一起出门玩，而是一个人坐在藤椅上，一言不发地凝神静思，有时还莫名其妙地唉声叹气。在长吁短叹中，杰克已步入中年。

有一次，他看一本心理学书籍，书中的主人公和自己太像了，主人公向一个心理学家倾诉了自己的苦恼，而心理学家却一语道破了其中的原因："你已经三十几岁了，但你有反思过过去吗？你过去之所以从未快乐过，关键在于你总把已经逝去的一切看得比实际情况更好，总把眼前发生的一切看得比事实更糟，总把未来的前景描绘得过分乐观，而实际却又无法达到。如此渐渐地形成了恶性循环，自然就钻入'庸人自扰'的怪圈了。"

看到这里，杰克才发现，一直以来，自以为成熟的自己，却一直在做不成熟的事。

心理学家还说：“人的性格弱点就在于好高骛远，总是向世界提出不切实际的要求。”这就是不成熟的表现。这则故事中，年轻人杰克为何会荒废自己的大半生时间？这是因为他总沉浸在悲观失望之中，假如他能早一点管理自己的情绪，也许就能早点行动起来。

在现实生活中，很多人悲观情绪产生的主要原因还是因为犯了错，一味地悔恨让他们感到失望、悲观，其实，人非圣贤，孰能无过。任何人都会犯错误，关键在于能否从中吸取教训，分析犯错的原因，避免今后重新犯相同的错误。犯错误未必是一件坏事。它可以让我们看到自身的缺点，体认到自己的不足，这样我们才会从错误中逐渐成长起来。

那么，针对因悲观而产生的拖延问题，我们该怎样解决呢？

1. 别再抱怨你的失败

情绪想立刻有所改善，就必须从现在起，从我们所处的一片混乱的环境中解脱出来，去重新梳理自己走过的路，看清楚功过得失，这样就能做到心平气和，也就自然能管理自己的情绪了。

2. 转变观念，别再沮丧

除了工作，生活中的我们也可能遇到某些困难，遇到某些不顺心的事，你可能会因此变得沮丧。其实，应告诉自己，困境是另一种希望的开始，它往往预示着明天的好运气。因此，你只要放松自己，告诉自己希望是无所不在的，再大的困难也会变得渺小。

3. 自我性格的纠正，成为一个果敢的行动派

无论是企业还是领导，最不希望看到的就是员工因为犯错而一蹶不振，进而工作拖沓，他们也常常鼓励员工从错误中不断学习、不断提高。松下幸之助说：“偶尔犯了错误无可厚非，但从处理错误的做法中，我们可以看清楚一个人。”施振荣说：“宏碁有一个特点，就是允许犯错。因为我们认为，认输才会赢。”世界五百强企业西门子也同样允许下属犯错误，在他们看来，如果员工在几次错误之后变得更“茁壮”了，那对公司是很有价

值的。

领导欣赏的是那些能够正确认识自己错误，并及时加以补救的员工。因为一个人对待错误的态度可以直接反映出他的敬业精神和道德品行，敢于承认错误可以使人更伟大，而不肯认错的人则迟早要被公司清除出去。同时，这也能体现一个员工发现问题、解决问题的能力。

王远是一家公司的销售部经理，工作一直认真负责。由于下属工作疏忽，给客户发错了货，愤怒的客户打电话给王远，要追究公司的责任，还要求赔偿损失。王远好不容易安抚了客户。那要不要向老总汇报呢？王远犹豫再三，还是决定立即实事求是地向老总汇报。他向老总主动承认自己在工作中的错误，对给公司造成的损失深感抱歉，然后又提出了几条紧急补救措施。公司发生了这样的事，老总也很生气，但看到王远态度诚恳，承认了错误，气也消了一半，而且，王远还能快速地想出补救措施，老总心里也很高兴。当王远准备离开时，老总说："小王啊，干得不错，我支持你，快去吧。"从老总办公室出来，王远对当初的决定很满意，如果隐瞒不报，后果还不知道会有多严重呢!

这则职场故事中，员工王远的做法是明智的。既然问题已经出现了，逃避责任不是办法，承担责任并及时找到解决问题的方案才是上上策。

4. 做一个上进的人，提升自己解决问题的能力

每个人，都应该学会提升自己，这是保持思维活力的最佳良方，为此，你一定要树立终生学习、随时学习的理念，要善于发现身边值得学习的东西。因为提升自己不一定要脱离现在的工作，更没必要脱产走回学校。因为年龄、经济等条件不允许，我们不可能再走回纯粹的学生时代。随用随学，做有心人，留心身边的人和事，学会随时发现生活中的亮点，并注意总结别人的成功经验，拿来为自己所用，这可能是生活和工作中能让自己进步得最快的一招。

也就是说，我们要做一个上进的人，要不断扩大自己的视野和知识领域，并能有所收获。我们要把学习当成一生要做的功课，这样才有助于塑造一个心智丰富且具有良好世界观的聪明人。

总之，弱者任思绪控制行为，强者让行为控制思绪。在通往破除拖延行为和习惯的路上，管理情绪可是一个重要关卡。因此，只有积极乐观的人才有立即行动的执行力。

拖延造成你的压力：妥协只是挥霍时间的借口

现代社会，谁都无法避开愈来愈大的压力，面对压力，一些人产生了更强大的动力，迎着压力前进，也有一些人向压力妥协。

心理学家称，高目标才能调动更高的积极性，使人们朝着目标全力以赴，而低目标则因为其低要求，使人们不愿付出高于工作的努力。后者通常会有这样的表现：面临上级交代的任务，他们只会敷衍了事、拖拖拉拉，这样又怎么能与那些做事果敢、效率高的人竞争呢？可见，压力大很多时候只不过是拖延者的借口而已，他们只是在高压下妥协了。

那么，面对妥协，我们该怎样去做呢？有两点建议：

1. 积极主动，冲破压力

美国钢铁大王安德鲁·卡内基在未发迹前的年轻时代，曾担任过铁路公司的电报员。

有一天，正值放假，但卡内基需要值班。就在这个平凡的值班日，却发生了一件意想不到的事。

躺在椅子上休息的卡内基突然听到电报机滴滴答答传来的一通紧急电报，吓得从椅子上跳起来。电报的内容是：附近铁路上，有一列货车车头出轨，要求上司照会各班列车改换轨道，以免发生追撞的意外惨剧。

这可怎么办？现在是节假日，能下达命令的上司不在，但如果不现在决策的话，就会产生一些不可预料的恶果。时间慢慢过去了，事故可能就在下一秒发生。

卡内基不得已，只好敲下发报键，以上司的名义下达命令，调度列车立即改换轨道，避免了一场可能造成多人伤亡的意外事件。

当做完这一切后，卡内基心里也开始紧张起来，因为按当时铁路公司的规定，电报员擅自冒用上级名义发报，唯一的处分是立即革职。但又一想，这一决定是对的。于是在隔日上班时，写好辞呈放在上司的桌上。

但令卡内基奇怪的是，第二天，当他站在上司办公室的时候，上司当着卡内基的面，将辞呈撕毁，拍拍卡内基的肩头说："你做得很好，我要你留下来继续工作。记住，这世上有两种人永远在原地踏步：一种是不肯听命行事的人；另一种则是只听命行事的人。幸好你不是这两种人的其中一种。"

卡内基之所以成功，是因为他有成功者的品质，这一点，在他未发迹时就已经显现出来了。

一个人之所以妥协，并不是能力的不足和信心的缺失，而是在于平时养成了轻视工作、马虎拖延的习惯，以及对工作敷衍塞责的态度。要想克服这一点，必须要改变态度，以诚实的态度，负责、敬业的精神，积极、扎实的努力，才能做好工作。

2. 积极寻找解决方法，立即行动

任何人都不是完美的，都不可能将所有事都做到天衣无缝，即便在规划完善的前提下，依然可能会出现一些问题。这时，如何看待问题、处理问题，直接考验我们的应变能力，这时如果能立即采取补救措施，甚至能帮我们转危为安。

大多数时候，我们遇到的只是一些小问题，但却没处理好，之所以如此，有时候，是我们自乱阵脚而已。不难发现，任何一个做事高效、有时间意识的人，都有很强的处理问题的能力。事实上，工作中偶尔出现一些问题在所难免，焦躁、着急、焦虑都无济于事，任何难题，只要从容应付、找到问题关键所在，都能迎刃而解。我们先来看看下面这个故事。

在英国的麦克斯亚郡，曾经发生了一件匪夷所思的事：有一个妇女，她的丈夫是个足球迷，他迷恋足球的程度甚至已经到了无以复加的地步，严重影响了他们的夫妻关系。为此，这个妇女便要求生产足球的厂商——宇宙足球厂赔偿她精神损失费10万英镑。当她提出这一诉讼后，很多人觉得不可思议，甚至觉得控诉毫无道理。但事实上，这个妇女赢得了官司，因为这位妇女的要求得到了大多数陪审团成员的支持。想到马上就要支付巨额的赔偿费，宇宙足球厂的老板很是忧虑。

此时，宇宙足球厂的公关顾问认为，现在的问题很明朗，那就是这位女士的控告让足球厂损失了一大笔钱，而如果能通过这次控告重新赚回损失的钱，问题不就迎刃而解了吗？于是，他向公司提出了一个明智的建议：

与其在法庭上与陪审团进行无谓的陈述，还不如利用这一离谱的案例，为公司大做宣传，向人们证明宇宙厂生产的足球魅力之大。

于是，接下来，他们把工作重心放到了与媒体沟通上，让他们对这场官司进行大肆渲染。果然，宇宙足球厂因此名声大振，产品销量一下子就翻了4倍。与损失10万英镑比起来，宇宙足球厂算是因小祸而得了大福。

宇宙足球厂为什么能因祸得福？那是因为，这位公关顾问是明智的、冷静的，他看到了问题的关键所在，于是，针对这一问题，他提出了解决危机的方法——借助官司这一免费的宣传手段，为企业带来了大量的销路。

另外，我们需要认识到的是，是否能处理问题以及将问题负面影响降到最小，最重要的还是看速度，速度就是效益，一旦问题产生，我们就要明白速度等于一切，一定不能拖延，而应该积极寻找问题出现的根源，还应寻求周围人的帮助，集中一切资源着手解决问题。

不得不说，在我们的现实工作中，一些人在遇到压力时，总是采取逃离、躲避、拖延的态度，他们认为，一切问题都会随着时间的流逝而解决的。因为他们面对危机的心态通常是：侥幸心理、鸵鸟政策、推卸责任、隐瞒事实，然而，这一妥协的态度不仅无助于问题的解决，甚至还会加重问题。

拖延造成你的自我评价：我本来就不行

我们都知道，自信是对自己的高度肯定，是成功的基石，是一种发自内心的强烈信念。相反，如果一个人总是自我怀疑，认为自己这不行那不行，那么，久而久之，他便真的不行了。事实上，自我怀疑也是人们拖延行为产生的一个重要原因。

在拖延者的心中，经常会有这样一些声音：“这件事我肯定坐不了。”“我不想被嘲笑。”“太难了，我无力应对。”这些负面的评价让人们消极和懈怠手头上的工作，因为在他们的潜意识中，要想最大限度地逃避失败的打击，就只有拖延时间。其实，我们不难想象，任何一个自我怀疑的人都不可能取得工作上的成就，因为他们总是在自我设限，他们认为自己在规定时间内做不到，他们不敢挑战更大的目标，更不敢参与人际竞争，对于别人的成功，他们也只能自怨自艾，一旦出现挫折，他们很难走出来。相反，一个人一旦有了自信后，就会积极向上，会比别人更有执行力，更有耐挫力，当他们遇到问题时，也更有勇气面对，而正是这种力量指引着他们不断走向成功。可见，破除拖延习惯的第一步，就是破除自我怀疑。

那么，我们该如何破除自我怀疑呢?

1. 正确认识自己，接纳自己

一个人要对自己的品质、性格、才智等各方面有一个明确的了解，方可在生活中获得较为满意的结果。除此之外，不要讨厌自己，不要以为自己羞怯就容忍自己的短处。一个人不要看不到自己的价值，只看到自己的不足，认为自己什么都不如别人，处处低人一等。

2. 学会正确与人比较

拿自己的短处跟别人的长处比，只能越比越泄气，越比越自卑，一些人因为学历不如人、能力不如人便产生“无用心理”就是这个原因造成的。

3. 鼓励自己，给自己打气

也许现在你正在做一件难度很大的事，要承受来自各方面的压力，你可能怀疑自己，也想过放弃，但你必须坚持下去。在给自己制订计划的过程中，你要给自己打气，最终，你会看到成果。

4. 摒除那些消极的习惯用语

这些消极的习惯用语一般有：

“我好无助！”

“我该怎么办？”

“我真累坏了”

……

相反，我们可以这样说来激励自己：

“忙了一天，现在心情真轻松！”

“上帝，考验我吧！”

“我要先把自己家里弄好。”

“我就不信我战胜不了你！”

5.敢于挑战高难度，相信自己的潜力

一个自信的人，常看到事情的光明面，他们到哪里都会光彩夺目，为此，即使现在的你依然只是一名普通的员工，但你要相信自己，拥有这样的信念，你才勇于接受更好的挑战，无论你做什么，都能有优秀的表现，都能挖掘出你意识不到的潜力。

一位音乐系的学生走进练习室。在钢琴上，摆着一份全新的乐谱。

“超高难度……”他翻着乐谱，喃喃自语，感觉自己对弹奏钢琴的信心似乎跌到谷底，消磨殆尽。已经三个月了！自从跟了这位新的教导教授之后，不知道为什么教授要以这种方式整人。勉强打起精神。他开始用自己的十指奋战、奋战、奋战……琴音盖住了教室外面教授走来的脚步声。

指导教授是个极其有名的音乐大师。授课的第一天，他给自己的新学生一份乐谱。“试试看吧！”他说。乐谱的难度颇高，学生弹得生涩僵滞、错误百出。“还不成熟，回去好好练习！”教授在下课时，如此叮嘱学生。

学生练习了一个星期，第二周上课时正准备让教授验收，没想到教授又给他一份难度更高的乐谱，“试试看吧！”上星期的课教授也没提。学生再次挣扎于更高难度的技巧。

第三周。更难的乐谱又出现了。同样的情形持续着，学生每次在课堂上都被一份新的乐谱困扰，然后把它带回去练习，接着再回到课堂上，重新面临2倍难度的乐谱，却怎么样都追不上进度，一点也没有因为上周练习而有驾轻就熟的感觉，学生感到越来越不安、沮丧和气馁。教授走进练习室。

学生再也忍不住了。他必须向钢琴大师提出这三个月来何以不断折磨自己的质疑。

教授没开口，他抽出最早的那份乐谱，交给了学生。“弹奏吧！”他以坚定的目光望着学生。

不可思议的事情发生了，连学生自己都惊讶万分，他居然可以将这首曲子弹奏得如此美妙、如此精湛！教授又让学生试了第二堂课的乐谱，学生依然呈现出超高水准的表现……演奏结束后，学生怔怔地望着老师，说不出话来。

“如果，我任由你表现最擅长的部分，可能你还在练习最早的那份乐谱，就不会有现在这样的程度……”钢琴教授缓缓地说。

从这个故事中，我们发现，我们原以为自己只习惯在自己熟悉的领域表现自己的能力并驾轻就熟，而事实上，如果我们自信一点，并能将那些压力转化为动力，那么，我们便能挖掘出无限的潜力，甚至可以超水平发挥！

的确，人的潜力是无穷的，如果你对自己有足够的信心，就会发现自己原来拥有这样的潜力，原来自己可以做到许多事情，如果你想有个辉煌的人生，那就把自己扮演成你心里所想的那个人，让一个积极向上的自我意象时时伴随着自己。

虽然我们不得不承认，我们与他人在很多方面的差距是与生俱来的，比如长相、身材、家境等，但是，通过后天的努力，我们依然可以改变很多，比如个人能力、阅历。生活中，一些人面对与他人的差距，会怨天尤人，但抱怨并不能改变这种差距。而你要想缩小这种差距，甚至超越他人，就必须挖掘自己内心的力量——自信，设置与把握正确的人生目标，以及运用这些能量向着我们所设定的目标努力，并采取一些具体的行为。而也只有这样，才能达到一种心理平衡。但这不仅仅是一种心理平衡，在富有耐心而坚毅的努力过程中，我们会比别人更珍惜时间、更有执行力，久而久之，你将逐渐显示自己的优势，超过别人，超过那些我们以前自认为不如他（她）的那些人。

的确，人世中的许多事，只要想做，并坚信自己能成功，那么你就能做成。因此，我们也不必再因自我怀疑而拖沓工作、止步不前了，拥有你一定能做到的信念，并立即执行吧，相信你能看到努力做事的成果。

拖延造成你的信仰丢失：没有明确的目标和价值观

物竞天择，适者生存，当今社会更是一个处处充满竞争的社会，一个人要想从竞争者中脱颖而出，就必须做事要有方向感。的确，在现实工作中，一些人总是感到左右迟疑、无处着手，站在原地拖延时间，就是因为他们没有方向感，一个人若看不到前方的路，看不到希望，又怎能有决断力呢？

那么，怎样才能有方向感？这就需要信仰给予我们力量。然而，现代社会，随着物质文化水平的提高和文化的多元化，在一些人心中，对于崇高的信仰的追求似乎正在慢慢淡化，而这也是很多人心灵没有归属感的原因。因为只有忠实于崇高的信仰，心才有归属的暖巢。只有具有积极向上的信仰，人才会有良好的精神状态。一个人，如果有了积极向善的精神状态，那么，他便能做事果断，即使身处逆境，他也不会感到恐惧，能够坦然面对困难，心存希望，不会放弃，并积极寻找解问题的办法。

对于那些拖延者而言，信仰是十分模糊的概念，他们对于明天、对于接下来该做什么、该怎样做都没有明确的答案，他们没有一个理性的目标来指导自己行动，在别人已经为信仰展开行动时，他们只能站在原地打转，浑浑噩噩地浪费着生命。

世界著名博士贝尔曾经说过这么一段至理名言：“想着成功，看看成功，心中便有一股力量催促你迈向期望的目标，当水到渠成的时候，你就可以支配环境了。”也就是说，只要有积极向上的信仰，你的心中也就有了一盏灯，我们跟随着灯前行，即便在黑暗的夜里，也能看到光明。

我们先来看下面的故事。

多年前，有一位穷苦的牧羊人领着两个年幼的儿子以替别人放羊来维持生活。一天他们赶着羊来到一个山坡，这时，一群大雁鸣叫着从他们头顶飞过，并很快消失在远处。牧羊人的小儿子问他的父亲："爸爸，爸爸，大雁要往哪里飞？""他们要去一个温暖的地方，在那里安家，度过寒冷的冬天。"牧羊人说。他的大儿子眨着眼睛羡慕的说："要是我们也能像大雁那样飞起来就好了，那我就要飞得比大雁还要高，去天堂，看妈妈是不是在那里。"小儿子也对父亲说："做个会飞的大雁多好啊，那样就不用放羊了，可以飞到自己想去的地方。"

牧羊人沉默了一下，然后对两个儿子说："只要你们想，你们也能飞起来。"两个儿子试了试，并没有飞起来。他们用怀疑的眼神瞅着父亲。牧羊人说，让我飞给你们看，于是他飞了两下，也没飞起来。牧羊人肯定地说："我是因为年纪大了才飞不起来，你们还小，只要不断努力，就一定能飞起来，去想去的地方。"儿子牢牢地记住了父亲的话，并一直不断努力，等到他们长大以后果然飞起来了，他们就是发明了飞机的美国莱特兄弟。

这个真实的故事再次使我们坚信：一个人的内心如果蕴涵着一个信仰，并坚持不懈为之努力，那么，他一定会是一位成功的人。人生就有许多这样的奇迹，看似比登天还难的事，有时轻而易举就可以做到，其中的差别就在于非凡的信念。一百次的心动如果没有一次行动，就是一百次的失望，一百次的心动不如一次行动。

有信仰的人绝不会陷入迷茫中，只有树立明确的人生目标，你的工作和生活才更有动力。

一个伟大的人，总有着不平凡的梦想。我们熟知的乔布斯就是个从不放弃信仰的人。而他的梦想就是——改变世界。

对乔布斯来说，正是要改变世界的这一梦想，让他带领着苹果创造了一个个的奇迹。首先是APPLEⅡ、iMac，然后是iPod、iPhone、iPad。而这每一个奇迹都曾让乔布斯欣喜无比。虽然在追求梦想这一路上，乔布斯也走得十分曲折，甚至曾经被自己所开创的公司遗弃。但没有风浪，就不能显示帆的本色；没有曲折，就无法品味人生的乐趣。正如他自己所说的，"我非常幸运，因为我在很早的时候就找到了我真爱的东西。"

乔布斯之所以能给世界这么多个奇迹，这一切皆因为他不曾放弃自己的梦想，并终其一生都在为自己的梦想奋斗。人的生命有尽时，而梦想却可以永驻。我们的梦想可以很平凡，但只要有梦想，有奋斗的目标，你就会是快乐而充实的，信仰具有无穷的力量。只要你追随自己的内心，你就会发现，你的生命被赋予了更高的意义，你也不再会消磨光阴，而是让时间闪闪发光。

为此，我们要做到以下两点。

1. 为自己树立一个积极的、崇高的信仰

信仰的力量是伟大的，唯有怀抱信仰，才会拥有希望。《肖申克的救赎》里说："恐惧让你沦为囚犯，希望让你重获自由。"在心底坚守希望，怀抱信仰，你就拥有无穷的力量。

2. 立即行动，不要拖延

布莱德雷曾说："习惯性拖延的人常常也是制造诸多借口与托辞的专家。如果你存心拖延、逃避，你自己就会找出成千上万个理由来辩解为什么不能够把事情完成。"我们都知道勤奋和效率的关系。当一个人勤奋努力工作时，他所产生的效率肯定会大于他懒散时的工作状态。

3. 做事要有条理有秩序，不可急躁

急躁是很多人的通病，但任何一件事，从计划到实现的阶段，总有一段所谓时机的存在，也就是需要一些时间让它自然成熟。假如过于急躁而不甘等待，经常会遭到破坏性的阻碍。因此，无论如何，我们都要有耐心，压抑那股焦急不安的情绪，才不愧是真正的智者。

总之，行动是治愈恐惧的良药，而犹豫、拖延将不断滋养恐惧，丧失主动的进取心。信仰的实现靠的是行动，而不是没有价值的拖延。

拖延造成你缺乏动力：不思进取而满足现状

我们都知道，很多机器的运行都需要动力的推动作用，比如，火箭升天、汽车行驶等，我们日常的工作和生活也是如此。不知你是否曾思考过这样的问题：我为什么要工作？为什么要干事业？大部分人的回答是养家糊口、供养家庭，也有一些人提出了更高层面的意义：实现自身价值。很明显，这都是我们工作的动力。

那么，一个人如果缺乏动力呢？不难想象，这是一个不思进取的人的状态。他来上班就是为了坐等下班，为了每月的薪水，工作中上级交代的任务，会一再拖延，因为在他看来，今天完成和明天没有分别。当你问他有什么梦想和目标时，他的回答是："目标和理想能当饭吃吗？"这是一种多么糟糕的人生和工作态度。我们也不难想象，缺乏工作动力的人不会有大的成就。

我们也常常听到一些庸庸碌碌的人感叹命运的不好，他们总习惯于把自己的艰难归咎于命运，事实上，世上真正的救世主不是别人，正是你自己。你完全可以摆脱消极的想法，成为一个积极向上的人，在工作中培养自己的热忱，找到自己的目标，那么，你就能为现在的自己做一个准确的定位，现在一家外企做人力资源主管的乔治的一次经历，或许可以给我们一些启示。

我刚应聘到这家公司供职时，曾接受过一次别开生面的强化训练。

那是在青岛的海滨度假村，我和同伴沉浸在飘忽而又幽婉的轻音乐声里，指导老师发给每人一张16开的白纸和一支圆珠笔。这时，主训师已在一面书写板上画了一个大大的心形图案，并在图案里面写上了三个字：我无法……

然后，要求每个成员在自己画好的心形图案里至少写出三句"我无法做到的……我无法实现的……我无法完成的……"，再反复大声地读给自己、读给周围的伙伴听。

我很快写出三条：

我无法孝敬年迈的父母！

我无法实现梦寐以求的人生理想！

我无法兑现诸多美好愿望！

接着，我就大声地读了起来，越读越无奈，越读越悲哀，越读越迷茫……在已变得有些苍凉的音乐里，我竟备感压抑和委屈，泪眼模糊起来。

就在这时，主训师却把写字板上的“我无法”改成了“我不要”，并要求每位成员把自己原来所有的“我无法”三个字划掉，全改成“我不要”，继续读。

于是，我又接着反复地读下去：

我不要孝敬年迈的父母！

我不要实现梦寐以求的人生理想！

我不要兑现诸多美好的愿望！

结果，越读越别扭，越读越不对劲儿，越读越感到自责和警醒……

在轰然响起的《命运交响曲》里，我终于觉悟：我原来所谓的许多“我无法……”其实是自己“不要”啊！

而此时，主训师又把“我不要”改成了“我一定要”，同样要求每位成员把各自的所有“我不要”三个字划掉，全改成“我一定要”，继续读。

我一定要孝敬年迈的父母！

我一定要实现梦寐以求的人生理想！

我一定要兑现诸多美好愿望！

越读越起劲儿，越读越振奋，越读越有一种顿悟后的紧迫感……在悠然响起的激荡人心的歌曲里，我豪情满怀，忽然有一种天高路远跃跃欲试的感觉和欲望。

真正改变人生的，往往就是我们的态度。不思进取，最后也只能平庸。

英国新闻界的风云人物，伦敦《泰晤士报》的老板来斯乐辅爵士，在刚进入该报时，不满足于90英磅周薪的待遇。经过不懈的努力，当《每日邮报》已为他所拥有的时候，他又把取得《泰晤士报》做为自己的努力方向，最后他终于猎狩到他的目标。

来斯乐辅一直看不起生平无大志的人，他曾对一个服务刚满三个月的助理编辑说：“你满意你现在的职位吗？你满足你现在每周50磅的周薪金吗?”当那位职员答复已觉得满意的时候，他马上把他开除，并很失望地说：“你应了解，我不希望我的手下对每周50磅的薪金就感到满足，并为此放弃自己的追求。”

那些拖延者之所以没有大的成就，就是因为他们太容易满足而不求进取，他们参与工作只是挣取足够温饱的薪金。要知道，不甘于平庸，超越优秀，成为卓越者，就可以把事情做到最好。据社会学专家预测，未来的社会将变成一个复杂的、充满不确定性的高风险社会，如果人类自由行动的能力总在不断增强，那么不确定性也会不断增大。你应该意识到，各种变化已经在你身边悄然出现，勇敢地投身于其中的人也越来越多，而如果你不积极行动起来、缺乏竞争意识、忧患意识，安于现状、不思进取，如果你还没被惊醒的话，就会被时代抛弃，被那些敢于冒险的人远远甩在后面。

在我们工作的周围，为什么有些人受人敬重，有些人却被人看不起？前者是因为他们有野心，凡事努力；而后者，是因为他们得过且过，总是拖拖拉拉，即使掉在队伍后面，也不奋起直追，这就注定了这类人无法成大事。有野心，是一种积极向上的心态，它为所有人创造了一种前进的动力。在很多时候，成功的主要障碍，不是能力的大小，而是我们的心态。

总之，每个人都应该明白，最大的危险不在于别人，而在于自身。如果你总是意志消沉、不思进取，那么，即使曾经的你有再大的雄心和勇气，也会被抹杀，而一生碌碌无为。我们绝不能甘于平庸，要为自己的人生负责，做与众不同的人，你才有可能触及理想与幸福。

拖延使你的定力下降：无法养成好的习惯

在日常的生活和工作中，我们经常听到“习惯”一词，比如，“你这个人的习惯不好”，“我怎样才能改正赖床的习惯”等。所谓习惯，指的是人们成长过程中，在很长一段时间内逐渐形成的一种行为倾向。

从某种意义上说，“习惯是人生最大的指导”。世界著名心理学家威廉·詹姆士这么说过：“播下一个行动，收获一种习惯；播下一种习惯，收获一种性格；播下一种性格，收获一种命运！”不难发现，好的习惯对于一个人的一生有多么重要。习惯的力量是巨大的，人一旦养成一个习惯，就会不自觉地在这个轨道上运行。如果是好习惯，则会终生受益；反之，就会在不知不觉中害你一辈子。通常我们说一个人素质不高，往往就是因为这个人有许多坏习惯。

很明显，我们讨论的拖延就是一种不好的行为习惯。在人生的征途中，执行力是成功的必要条件之一，与此相对应的拖延自然就成为成功的大敌。拖延带来的“自我击败感”，常常导致人产生抑郁、消沉、烦恼、妄自菲薄等种种不良情绪，它可以使人斗志涣散、精神沮丧，使人感到沉重的精神压力。

在分析拖延行为形成的原因时，我们提及到拖延的习惯性怪圈。其实，对于拖延者而言，多数情况下，他们也已经意识到拖延行为的负面影响。然而，因为一些不良行为习惯的存在导致了他们定力不足，这些人也在努力改变这些不好的行为习惯，但他们发现，及时工作、提高效率会让他们产生一系列不适感，最后，他们只得告诉自己：我做不到、我改变不了。

其实，习惯并非改变不了，因为任何行为习惯都绝非天生，坏习惯也可以通过长期的更正去改变。具体来说，我们要做到的是：

1. 培养立即行动的好习惯，代替拖延的坏习惯

苏格拉底门下有很多学生，他经常带领这些学生四处游历、饱览名山大川。几年下来，这些学生都学到不少知识，有些还成为满腹经纶的学者，为此，苏格拉底感到很欣慰。学生也认为自己可以顺利“毕业”了。

一天，苏格拉底带领这些学生来到一片旷野上，他让大家在草地上围坐在一起，然后对他们说：“现在，你们已经个个都是饱学之士了，你们也马上可以从我这儿毕业了，但最后一次，我再问你们一个问题。”毕业前，老师问的问题当然很重要了，学生们一个个竖起了耳朵，想听听老师会问什么问题。

“我们现在坐着的是什么地方？”苏格拉底问他们。

学生们回答道：“旷野。”

苏格拉底又问：“这里长了什么？”

学生们答曰：“草。”

苏格拉底说："是的，你们都回答对了，这里长满了草，那么，接下来，我要问的是，你们能用什么办法，才能清除这些杂草？"

这是哲学问题吗？一项严谨的老师，怎么会问这么简单的问题？拔出杂草明明是农民才应该需要思考的问题？学生都对苏格拉底的问题感到很好奇，但他们还是按照自己的想法一一作答。

"这个问题太简单了，用手拔掉就行了吧！"一名学生抢先开口。

另一个学生答道："用镰刀割掉，那样会省力些。"

第三个学生回答得更为干脆："用火烧更彻底。"

苏格拉底从草地上站起来，清了清嗓子，然后说："那好，现在你们就按照自己的方法，划定一片区域，将各自区域的杂草清除，明年，我们再来看看自己的战果，看看谁的方法更有效。"

约定的时间到了，一年后，所有的学生都齐聚在这片曾经长满杂草的地方。令他们高兴的是，这里再不是杂草丛生，但却依然有很多参差不齐的杂草在风中摇摆。然后，苏格拉底带领他们来到另外一块地方，这里不是学生除草的范围，这里没有杂草，而是长满了麦苗，学生凑近一看，看到了一块木牌，那是苏格拉底的笔迹，上面写着："要想除掉旷野里的杂草，方法只有一种，那就是在上面种上庄稼。"

学生恍然大悟。

用麦苗根除杂草是一种智慧。我们在培养习惯时，是否可从苏格拉底那里领悟借鉴呢？好习惯多了，坏习惯自然就少了。改变拖延的习惯也是如此。如果你是做事拖延、行为懒散的人，不妨做出几点改变：不要天天叫外卖；学几道小菜，闲暇时做给自己吃；每天整理干净再出门，不要给人邋里邋遢的感觉。工作中，变被动为主动，积极起来；每天坚持学习……

2. 强迫执行，勤奋起来

良好习惯形成的过程，是严格训练、反复强化的结果。

美国著名数学家维纳，在回忆父亲对他早期学习习惯的严格训练时说："代数对我来说没有什么困难，可父亲的教学方法，使我精神不得安宁，每个错误都必须纠正。他对我无意中犯的错误，第一次是警告，是一声尖锐而响亮的'什么'，如果我不马上纠正，他会严厉地训斥我一顿，令我'再做一遍'。我曾遇到不止一个能干的人，可是他们到后来一事无成。因为这些人学习松懈，得不到严格纪律的约束。我从父亲那里得到的正是这种严厉的纪律训练。"父亲严格的训练，终于使维纳养成了良好的学习习惯，以后成为誉满全球的科学巨人。

我国著名教育家叶圣陶先生也认为，要养成某种好习惯，要随时随地加以注意，身体力行、躬行实践，才能"习惯成自然"，收到好的效果。我们在改变拖延习惯的过程中，也一定要严格要求自己，绝不允许自己有怠惰的行为。

当然，好习惯的养成，并非一朝一夕之事；而要想改正某种不良习惯，更需要一段时间的努力，因此，绝不能操之过急。

总之，你若希望拥有一个成功的人生，你就必须养成良好的行为习惯。好的习惯如同一条正确的道路。

拖延让你精神萎靡，身心俱疲

我们都知道，在任何一个城市，最忙碌的就是上班族，上班、下班、家庭、聚会，好像什么都必须参与，时间总是不够用，青春也在这样的忙碌中渐渐流逝，常常感到身心俱疲，每到周末的时候，甚至希望自己可以一睡不醒。周一早上，还得拖着疲惫的身体来到办公室，硬着头皮做着不想做的工作。然而，在这样糟糕的状态下，工作效率怎么会高呢。

拖延就像一个毒瘤长在我们的心里，一旦行为拖延，我们也会跟着陷入糟糕的状态旋涡中。不知你是否有这样的苦恼：你原本只是想发个邮件，但是当你一打开电脑，就发现浏览器上跳出来很多美女图片、八卦新闻，购物信息等，网页一个个地点开来看，不知不觉时间就这么过去了，半个小时，一个小时，甚至更久……虽然事后懊悔不已，但每次还是无法摆脱拖延的毛病。对此，该怎么办呢？

细心的你可能也会发现，对于同一年参加工作的上班族而言，若干年后各自会有不同的境遇，有些人飞黄腾达，有些人还是原地踏步甚至是平行职位跳槽。因此，我们要想拥有好的工作状态，第一步还是要从克服拖延症开始，高效率工作的第一步就是我们要有紧急意识。

我们先来看看中层管理者皮特是怎么工作的：

皮特是一家公关公司的市场部经理，他来这家公司工作时间不长，才只有三年，但却从一名市场专员晋升到经理，他的工作能力和效率是有目共睹的。在公司的年会上，他总结自己的工作经验时说："我们是专业的公关人士，对我们最重要的是什么，是效率！我们的客户最重视的也是时间。所以，任何时候，我们都要有紧迫感。我建议大家。工作中，能电话解决的问题就尽量不面谈；能自己解决的问题就不要兴师动众地开会；能立即做的事情就不对坐闲扯；能当面交代的事不行文下达。大家看，为了能节省时间，我现在已经搬到办公室附近的地方住了……"

这里，皮特就是个执行力强的人，值得上班族们学习。据专家考证，一般上班族真正每天用于上班达到忘我境界的时间往往只有两小时。而原因之一就是我们常常做事没有紧迫感，要么等到最后时限才紧赶慢赶，要么坐等下班。在飞速发展的时代，时间就是金钱，时间就是生命。没有哪位上司喜欢太慢的员工，工作效率是企业的生存之本，也是员工能够在企业中的发展之本。工作时我们要禁忌怠慢心理，优哉游哉的心境适合逛商场，而不是职场。

那么，我们该如何调节自己的工作状态，以防止拖延造成身心疲惫呢?

1. 制订计划，按计划做事

每日为自己制订一个工作计划，做一个工作列表，把每日需要做的具体工作按照轻重缓急排列，另外相似的工作最好排在一起，便于思维，先处理紧急的工作，再处理重要的工作，最后处理简单、缓慢的工作。制订工作计划，每日的工作才有方向，才不走冤枉路，马快车好不如方向对，没有方向瞎忙活，再努力也是枉然。

2. 集中精力

工作时一定要集中精力，全身心地投入工作中，避免分心，要学会善于集中精力做一件事，而且是做好这件事。工作切忌三心二意，那样只会捡了芝麻掉了西瓜，甚至哪件事都做不好。

3. 简化工作

将简单的东西复杂化不是本事，将复杂的东西简单化才是能耐。当工作像山一样堆在面前，不要硬着头皮干，那样根本做不好。首要的任务就是将工作简化，当面前的大山被你简化成小山丘时，是不是豁然开朗了。

4. 使用辅助工具

现代社会，办公室工作早已脱离了纸笔，会工作的人都擅长运用一些辅助工具，比如，电脑、手机等，简单的电脑办公软件有word、excel、PPT等，可以帮助我们编辑文件、分析统计数据等，有的公司还会使用财务软件、库存软材等，我们还可以使用手机的记事本、闹钟、提醒、计算机等功能，帮助我们记录、提醒重要事件。

5. 经常充电

要多学习知识，尤其是专业知识，只有不断更新知识，不断学习，才能更有效地应对日新月异的职场问题，处理高难度的工作难题，才能比别人更优秀，比别人更有效率。

6. 保证睡眠

保证充足的睡眠，不仅能恢复当天体力，还能为第二天提供充沛的精力。睡眠在人的生活中占据相当重要的地位，在一天的24小时中，睡眠占至少1/3的时间，可见睡眠是不能应付的。只有身体、大脑得到充分的休息，我们才能有旺盛的精力投入到工作中，才能提高工作效率。

7. 劳逸结合，会休息才会工作

不能一味地埋头工作，就像老牛拉犁一样，人的体能是有限的，大脑也是需要休息的，超负荷的工作只能降低工作效率，产生事半功倍的结果。不会休息就不会工作，学会适当的放松，如工作间站起来活动15分钟，喝杯水，听听音乐都可以让身心放松下来。工作时要为自己保留弹性工作时间。

8. 平衡工作和家庭

我们除了要工作外，还有家庭，对此，我们要做到平衡处理：

第一，工作和家庭生活要划清界限。对家人做出承诺后，一定要做到。为防万一，制定较低的期望值以免造成失望。

第二，学会忙中偷闲。不要一投入工作就忽视了家人，有时10分钟的体贴比10小时的陪伴还更受用。

第三，学会怎么利用时间碎片。例如：家人没起床的时候，你可以利用这段时间去做你需要的工作。

注重有质量的时间——时间不是每一分钟都是一样的，有时需要全神贯注，有时坐在旁边上网就可以了。要记得家人平时为你牺牲很多，度假、周末是你补偿的机会。

总之，我们若想精力充沛地工作，就要改变现在的工作习惯，要有时间意识，拖延、虚度光阴连工作都做不好更谈不上效率，没有人会赏识这种人。当然，我们还要懂得劳逸结合、平衡好工作和生活，以防止过重的工作负担压垮我们。

拖延让你毁坏团队协作：不把别人的时间当时间

21世纪，谁也无法单打独斗获得成功，因为社会分工越来越精细，谁都不是能独揽一切的大英雄，要想成功，就要懂得借助他人的智慧和力量，所以，我们生存的这个世界充满了竞争和挑战，同时也充满了合作与快乐。

任何一个人，无论你的能力如何，知识多么渊博，你都必须要对合作引起重视，并把合作的意识运用到日常的工作中。这正如石油大王洛克菲勒所说的：“合作，可以让我们做到我们原来做不到的事情。”

可以说，现代职场的合作模式已经是大势所趋，然而，我们也发现了这样一个现象：因为个人的拖延而导致了团队整体工作效率的下降。一些人在延误工作的同时，也耽误了其他人的时间。

小崔研究生毕业后，就被一家中外合资的大型企业录用。因为能力突出，学历相当，很快，小崔就当上了外贸部主管，可谓是平步青云。

刚上任不到几天，小崔就发现自己办公室有一位“特殊”的下属。这位下属是一位将近40岁的女人，工作能力还可以，也挺会说话，但就是工作拖延，只要是交代下去的工作，她总是会比别人晚一两天交上来。周一的例会，别人都要等她半个小时；让她准备一份合同，也总是到马上见客户的时候才起草好。小崔有时候甚至觉得这位下属是否在与自己作对。

为了不让她影响到整个办公室的工作进度，每当上级领导交代任务后，小崔都把主要任务交给其他几位同事，让他们一起合作完成，而对于这位下属，最多让她处理一些无关紧要的事，到这里，小崔终于明白为什么她到40来岁事业还毫无进展，拖延是她的一大弊病。

可能在我们工作的周围也有这样的人，因为拖延，他们拖了团队的后腿，久而久之，团队也将其排斥在外了。

其实，不止在工作中，在生活中，我们自身的拖延行为也会影响到他人。比如。作为母亲，你原本答应带你的女儿周六上午去游乐场，女儿也推掉了那个时间段的舞蹈训练，但周五晚上因为你工作没及时完成，周六上午你必须加班，这样，不仅没去成游乐场，你的女儿也没有学习舞蹈。再比如，你原本答应帮同事小王送一份文件到客户刘先生那儿，但因为你的拖延，你到下午下班的时候才到客户公司，此时客户已经离开了，最终的结果是，同事小王的工作进度也被耽误了。

那么，在团队合作中，这些人为什么会有拖延行为呢？大致总结看，有三点原因：第一，他们以自我为中心，在他们的眼里只有自己，认为整个团队离不开自己，别人只是陪衬而已，殊不知，在别人眼中的你何尝不是如此呢？第二，缺乏责任心。这些人是没有担当的，他们常常把个人利益放到团队利益之上，认为只要马虎过关即可，不必立即工作。第三，不懂得时间的可贵，不重视他人的劳动成果。

那么，针对这些原因，我们该怎样解决这一问题呢？心理学专家给出了以下建议。

1. 消除心理成见

可能你会认为，与不喜欢的同事合作，工作就容易被拖延。其实，你想过没有，你之所以不喜欢这个同事，是谁的问题呢？如果他的人际关系很好，而唯独你不喜欢他，那么，这很可能就是你的问题了。因此，在与人合作前，最好能消除对彼此的某些偏见。

2. 信任你的伙伴

既是团队成员，就要相信自己的伙伴，相信他们能够与你协调一致，相信他们会理解你，支持你。一个团队只有在信任的氛围中才可能有高效、创造力地工作。如果大家相互猜忌、互不信任，那么就不可能分工协作，因为总有一些任务依赖于别的任务；同时猜忌的气氛让每一个人都不能全心投入工作中去，也不利于成员工作能力的发挥。

3. 设定目标，明确分工

分工明确的好处在于，可以让团队中的每一个人都知道自己该做什么、要达到什么效果、完成任务的限定日期是多少等，同样，还能避免工作过程中可能出现的人员闲置和拖延的问题。

4. 表达你的友善

身处职场，我们与同事相处，只有用真诚和爱心，才能巩固人际关系，也只有团结他人，自己手中的力量才会更强大。一个人无论多么能干，多么聪明，多么努力，但如果他不能或是不愿意与团体合作，日后也绝不会有大成就。

5. 要努力形成自己的优势

任何一个团队都不可能只要一种人才。各个领域、各种能力的人形成互补的优势越强，团队的竞争力也就越强，成功的希望也越大。因此，团队需要每一个个体都能够有自己的优势，而这种优势最好是团队中其他的个体所不具有的，正好可以弥补上团队在某一个领域的不足。

6. 学会有效的沟通。

心理学家认为，沟通的缺乏也是人们选择竞争的一个重要原因。如果双方曾经就利益分配问题进行商量，达成共识，合作的可能性就会大大增加。

沟通是传达、是倾听、是协调，也是一个团队和谐有序的润滑剂。在营销学里有一个“250定律”，是美国著名推销员乔·吉拉德总结出来的。他认为每一位顾客身后大约有250名亲朋好友，如果你赢得了一位顾客的好感，就意味着赢得了250个人的好感；反之，如果你得罪了一名顾客，也就意味着得罪了250名顾客。销售人员与顾客的交往如此，人与人之间的沟通也如此。所以，认真对待你身边的每一个人，尤其是团队中的成员，这样会帮你赢得团队的信任，让生活充满热情，让工作更有效率。

总之，在现今社会中，单打独斗的个人英雄主义已经行不通，在这个分工越来越明确的时代，任何一项任务的完成，都不要指望一个人能做到。身处职场，我们要想获得成功的帮助和支持，就要放下成见，只有这样，别人才会不断地给你提供各种资源，你才能有更多的成功机会。

第5章
拖延心理的症结：你会变成“拖拉机斯基”

在我们生活和工作中，拖延症无处不在，并且，拖延症形态各异。虽然不少人想努力摆脱拖延症，但却总是逃不出拖延症的“魔爪”。人们常说：“对症下药”，我们要想戒除拖延症，就必须先要搞清楚是谁把你变成了“拖拉机斯基”，只有这样，你才能找到“治疗”的良方，下面，我们就来揪出这个“凶手”吧。

拖延与懒惰，如影随形

每个人都有懒惰的心理，这是人类的天性。可以说，一个人在可以懒惰的情况下，不会不懒。只是有些人能克服自己的惰性，并能以勤奋代之，最终取得成功；而有些人则任由懒惰这条又粗又长的枯藤来缠着自己，阻挡着自己的前进。

英国地质学家史密斯曾说：“如果懒惰不产生恶习或祸患，那通常也一定产生沮丧。”从他的这句话中，我们能看出来懒惰这一恶习所带来的负面影响。事实上，我们所讨论的拖延是与懒惰是一对孪生兄弟，他们总是狼狈为奸，阻碍我们积极向上。

人们常说，人生苦短，行色匆匆，有的人青云直上、事业有成，有的人庸庸碌碌、毫无作为，这两种完全不同的人生情景，实则来源于截然不同的两种人生态度，前者珍惜时间、勤奋拼搏；后者则懈怠拖延、行动迟缓。勤奋可以使聪明之人更具实力，而相反，懒惰则会使聪明之人最终江郎才尽，最终成为时代的弃儿。

美国前总统威尔逊出生在一个贫苦的家庭，当他还在摇篮里呀呀学语的时候，贫穷就已经向他露出了狰狞的面孔。威尔逊10岁的时候就离开了家，在外面当了11年的学徒工，每年只能接受一个月的学校教育。

在经过11年的艰辛工作之后，他已经设法读了1000本好书——这对一个农场里的孩子，是多么的不容易啊！在离开农场之后，他徒步到100英里之外的马萨诸塞州的内蒂克去学习皮匠手艺。

在他度过了21岁生日后的第一个月，就带着一队人马进入了人迹罕至的大森林，在那里采伐圆木。威尔逊每天都是在天际的第一抹曙光出现之前起床，然后就一直辛勤地工作到星星出来为止。在一个月夜以继日地辛劳努力之后，他获得了6美元的报酬。

在这样的穷途困境中，威尔逊暗下决心，不让任何一个发展自我、提升自我的机会溜走。很少有人能像他一样深刻地理解闲暇时光的价值。他像抓住黄金一样紧紧地抓住了零星的时间，不让一分一秒从指缝间白白流走。

12年之后，他在政界脱颖而出，进入了国会，开始了他的政治生涯。

威尔逊是任何一个美国人乃至世界人瞩目的对象，而他的成功，就是勤奋学习的结果。学习是成功前进的营养元素。而当今社会，只有知识才能改变命运，只有学习才能突破，才能具备竞争力。

曾经有人说：“懒惰是最大的罪恶，上帝永远保佑那些起得最早的人。”懒惰是现代社会中很多人共同的缺点，他们总是为自己的懒惰找借口，而正因为如此，他们最终也丧失了很多成功的机会。因为人的一生，可以有所作为的时机只有一次，那就是现在。一个人只有坚持“不找借口找方法”的信念，才能对自己的事业有热情，不管遇到什么事，都能以办法代替借口。

在工作和生活中，不少人都有这样的体验：你本来打算做某件事，但是过了好久还是没有开始；或者觉得自己想去但就是不想动手。感觉生活好像总是被一种惰性缠绕，知道懒惰不好，但是就是不知道从何处入手、该怎样开始。

以心理学操作性反射的原则为基础，对于人类的行为方式进行观察后，心理学家提出这样一种改进方式，以纠正惰性生活方式，并由这种惰性生活方式的结束而带来整个人生的良性改变。叫普瑞马法则。

要克服惰性心理，你首先就要认识到它的负面效应。懒惰拖延并不能帮助我们解决问题，也不会让问题凭空消失，它只是一种逃避，甚至会让问题变得更严重，那么，你为什么还要逃避呢?

那接下来，我们该怎样克服惰性呢?你如果有兴趣坚持尝试一周按照以下方式生活，你会发现整个人都不同了。

给自己几天时间加以训练吧：你可以先给自己的行为做一个记录，把你每天都要做的事情记录在册，记住，是所有的事。当然，吃饭、穿衣这样的事还是剔除，这样，即便粗略地记录大概也有十几件，然后你可以按照自己的兴趣将这些事进行排序，比如，你最讨厌的事可以放到第一位，最喜欢的放在最后。

然后，就按照你所列举的顺序来行动吧。早上，当你一起床的时候，你就先做那些你最讨厌的事，然后接着是第二件、第三件……到最后，你所做的是你最喜欢的事。

这是一个可能让你觉得操作起来有难度的事，不过坚持就是胜利，千万别在中途放弃、转而去做你喜欢的事了。

为什么这样做能帮你克服惰性呢?因为这是一种强化作用的方式———先处理困难的事情，再处理稍困难的事情，这样，就能对前面所做的事情起到一种强化的作用，并且，在这个过程中，强化的效果会越来越明显，直到你认为自己完全有能力可以控制自己、将那件事做好。

这是效果极好的改变惰性的方法。并且，对于容易出现心情抑郁的人，这种方法也有助于调节心情，不过，这都需要你坚持去做。

最后，当你真正做到能自制的时候，你可以自我奖励一番，及时肯定自己，然后记录进步，在获得某种成就感之后，你会找到继续努力的动力。如果你试试，并且多一些坚持，你将发现，生活着，工作着，是多么轻松有趣的事情!

对失败的焦虑：万一失败了怎么办

在生活中，相信每个人都有自己的梦想或目标，也就是一个指引人们行动的方向，然而，最终能达到自己目标的人却是少数，大部分人还是庸庸碌碌一生。究其原因，是很大一部分人缺乏立即执行的精神。他们在行动前，就开始产生焦虑：万一失败了怎么办，这样永远都不会开始，只会与目标渐行渐远。所有的成功者都必定有着果断的执行力。可能一直以来，你都认为自己是个勇敢的人，但一旦要到真正可以表现自己勇气的时候，却左右迟疑、不敢付诸实践。其实，这不是真的勇敢。因为勇敢不是停留在言语上，而是要放手去做。

同样，在现实工作中，一些人因为害怕承担失败带来的后果而迟迟不敢着手做手头上的事，他们宁愿承认自己没有足够的努力，也不愿意承认自己能力不足，他们会为自己寻找各种借口拖延，到最后，就能名正言顺地不必承担失败的责任。

2007年，美国卡尔加里大学的教授发现，人们拖延行为的产生与害怕失败有一定的关联，一些人因为害怕失败而立即行动起来，但一些人却因此选择逃避和拖延。

更为有趣的是，一些心理学家还对那些因为害怕失败而产生拖延行为的人做了心理评估，经过评估，心理学家发现他们有几点共性：否定自己、相信宿命、习惯无助。很明显，这些都是消极的心理症状，被这些负面情绪缠绕，怎会有快乐可言？虽然，立即实行的后果可能是失败，但拖延也是失败，为何不放手一搏呢？最重要的是，很多时候，事情并没有我们想象的那么糟糕，甚至只是我们杞人忧天而已。

曾经有这样一个故事：

在美国，有个刚毕业的年轻人，在一次州内的征兵选拔中，他因为体能好、表现优异被选中了，在外人看来，这是一件好事，但他却并不高兴。

为了庆祝孙子被选上，他的爷爷从美国的另一个州来看他，看到孙子心情不好，便开导他说：“我的乖孙子，我知道你担心，其实真没什么可担心的，你到了陆战队，会遇到两个问题，要么是留在内勤部门；要么是分配到外勤部门。如果是内勤部门，那么，你就完全不用担忧了。”

年轻人接过爷爷的话说：“那要是我被分配到外勤部门呢？”

爷爷说：“同样，如果被分配到外勤部门，你也会遇到两个选择，要么是继续留在美国，要么是分配到国外的军事基地。如果你分配在美国本土，那没什么好担心的嘛。”

年轻人继续问：“那么，若是被分配到国外的基地呢？”

爷爷说：“那也还有两个可能，要么是被分配到崇尚和平的国家；要么是战火纷飞的海湾地区。如果把你分配到和平友好的国家，那也是值得庆幸的好事呀。”

年轻人又问：“爷爷，那要是我不幸被分配到海湾地区呢？”

爷爷说：“那同样会有两个可能，要么是留在总部；要么是被派到前线去参加作战。如果你被分配到总部，那又有什么需要担心的呢？”

年轻人问：“那么，若是我不幸被派往前线作战呢？”

爷爷说：“同样，你会遇到两个选择，要么是安全归来，要么是不幸负伤。假设你能安然无恙地回来，你还担心什么呢？”

年轻人问：“那倘若我受伤了呢？”

爷爷说：“那也有两个可能，要么是轻伤，要么是身受重伤、危及生命。如果只是受了一点轻伤，而对生命构不成威胁的话，你又何必担心呢？”

年轻人又问：“可万一要是身受重伤呢？”

爷爷说：“即使身受重伤，也会有两种可能性，要么是有活下来的机会，要么是完全无药可治了。如果尚能保全性命，还担心什么呢？”

年轻人再问：“那要是完全救治无效呢？”

爷爷听后哈哈大笑着说：“人都死了，还有什么可担心的呢？”

这位爷爷说的：“人都死了，还有什么可担心的呢？”这是对人生的一种大彻大悟。有时候，我们对某件事很担心，但只要转念一想，最好的状况莫过于……以这样的心态面对，其实就没有什么可担心的了。

尼采说：“世间之恶的3/4，皆出自恐惧。是恐惧让你对过去经历过的事苦恼，然后惧怕未来即将发生的事。”的确，我们只要做到不念过往、不畏将来，就能变得勇敢。

很多时候，消除恐惧的方法只是做个痛快的决定，只要想做，并坚信自己能成功，那么你就能做成。

叶昕今年28岁了，刚结婚那几年，她是幸福的。她本来以为找个好人家把自己嫁出去，往后的生活会围绕着丈夫与孩子团团转，一辈子也就这样了。但是，当她真的成家以后，却经常感到很迷茫，觉得浑身不自在。

更让她感到糟糕的是，婚后的丈夫好像也变了，找了份安稳的工作后，就变得不思进取，每天下班回家后就是打扑克、泡酒吧，这让她打心眼里嫌弃丈夫的无能和窝囊，再加上家里的经济条件并不十分宽裕，因此她很不开心，时常唉声叹气。

一个星期天，叶昕的一个闺蜜邀她出去喝咖啡，她开始诉说心里的烦恼，埋怨自己嫁错了人。好友善意地提醒她：“如果你总想着让老公多赚外快，增加收入，那么你恐怕很难感到快乐。既然你自己有理想、有能力，为什么不干脆自己创业或者努力工作呢？”这番话点醒了叶昕，她仔细一想，觉得好友的话十分在理，于是她开始留意身边的各种机会。

半个月后，邻居准备转让一家餐馆，她就动了心思，打算把餐馆接过来。当时，丈夫和婆婆都不同意，觉得她一个女人能干成什么事。再说，她也缺乏经营经验，而且事情太繁杂，怕她遭罪。但叶昕坚持接了下来。很快，因为经营有道，她的生意红红火火。

尤其让她感到高兴的是，因为她打开了自己人生的新局面，丈夫也不再游手好闲，时常来帮她招待客人，管理餐馆的大小事务。丈夫在工作中也开始奋发向上。丈夫常感激她，说她让他找准了人生方向，就像周华健唱的那首歌——“若不是因为你，我依然在风雨里飘来荡去，我早已经放弃……”

如今的他们，在生活中互相交流自己的想法和意见，感情也比从前更加融洽了。

这就是一个聪明女人不甘于现状，用自己的能力改变现状的典范。刚开始，她围着丈夫和孩子转，原本以为这就是幸福，但实际上，这并不是她想要的生活，她很快发现自己过得并不快乐，在闺蜜的提点下，她很快找到了努力的目标。事实证明，她有能力经营好自己的事业、自己的幸福。

因此，我们发现，消除焦虑、立即行动乃至获得成功的钥匙就掌握在自己手中，只要我们积极主动一点，那么，幸福与快乐触手可及。在做事的过程中，一些人总是担心失败后的情况，因此产生了不必要的焦虑和拖延行为，但实际上，我们谁也不必要去预料明天，我们要做的就是把握当下。

“决策恐惧症”：人们为什么害怕决策

生活中，我们经常要面临两难的抉择，尤其是在现今这个信息多而乱的社会中，做出正确的抉择更不是一件易事，这就需要我们有出色的判断能力。然而，一些人因为害怕做出错误的决策而左右迟疑、当断不断、不愿实施，为自己带来很多困扰。我们将这种人称为有“决策恐惧症”者。因为害怕决策，他们经常拖延。

李芳经人引荐，去一家待遇较好的时尚杂志面试。为此，她精心修饰了一番：白衬衣、粉红短套装裙，打扮得很漂亮，出门前家人都认为她这份工作肯定没问题了。但中午的时候，李芳回家了，却一副沮丧样，家里人问怎么回事，原来问题出在面试官身上，可以说，李芳是被牵连的。

李芳应聘的是杂志文字编辑一职，她和其他几位应聘者一样，都带上了自己的文稿，但这几篇文稿文笔相当，面试官好像是个有决策恐惧症的人，在思索再三后，他告诉几位面试者：“你们稍等下，过会儿给你们面试结果。”然后面试官就去了主编办公室。李芳透过办公室的玻璃，看到主编发脾气的情形，还听到了这样几句话：“每次让你拿主意的时候，你都来问我，那我请你回来工作干什么，算了，这次的面试取消，过几天我自己来处理，让他们都回去吧。”李芳的心都凉了。

面试官从主编办公室出来后，对大家说：“这件事实在不好意思，我想大家应该都听到了，希望你们能找到一份好工作。”

案例中，这位面试官因为害怕决策而请教主编，但很明显，他是个有“选择恐惧症”且工作拖延的人，什么事都劳烦上司，自然会让上司不快。但职场中，很多人都和案例中的面试官一样，他们之所以害怕决策，是担心决策失误，于是，他们常常将决策权交给上司，最终的结果是，上司的工作量明显增多，久而久之，他们便成了上司“除之而后快”的对象了。

相反，也有一些聪明的下属，他们深知上司日理万机，在一些琐碎事件上，懂得自己拿主意并立即执行，为上司免除了不少烦恼，这样的人更容易获得信任。

李宏毕业后，误打误撞就进了现在的这家公司，从事产品销售的工作。可能是年少轻狂，也可能是信心，李宏面对这份工作，表现出了极大的热情。这天，上司让他去一个地方开发市场，那地方十分偏僻，上司曾经把这个任务派给过3个人，但都被他们推脱掉了，因为他们一致认为那个地方根本不会有市场，即便去了也是徒劳。但李宏则不这么想，他认为，如果自己能开辟出这片市场，那么，即使自己还是个新人，在公司也能站稳脚步，给领导留下个好印象。于是，他出发了。

令同事们感到惊讶的是，三个月后，疲惫的李宏回到了公司，他带回了好消息，那里潜在的市场很大。

其实，李宏在出发前，也认定公司的产品在那个偏僻的地方没有销路。基于坚决的服从意识，他还是毅然前往，并用尽全力去开拓市场，并最终取得了成功。

下属李宏的这种决断力是我们必须学习的。无论什么时候，都应该主动、积极地去完成领导交给你的任务，这是执行的第一步。任何一个领导都不会喜欢做事犹豫不决、迟迟不动手、问长问短的下属。

那么，我们该怎样学会决策、立即执行呢？

1. 着眼于当下的工作

一群年轻人到处寻找快乐，但是，却遇到许多烦恼、忧愁和痛苦。他们向老师苏格拉底询问，快乐到底在哪里？

苏格拉底说："你们还是先帮我造一条船吧！"

年轻人暂时把寻找快乐的事放到一边，找来造船的工具，用了七七四十九天，锯倒了一棵又高又大的树；挖空树心，造成了一条独木船。独木船下水了，年轻人们把老师请上船，一边合力荡桨，一边齐声唱起歌来。苏格拉底问："孩子，你们快乐吗？"

学生齐声回答："快乐极了！"

苏格拉底道："快乐就是这样，它往往在你忙于做别的事情时突然来访。"

2. 准确领会上级的意图，做出正确的决策

"失之毫厘，谬以千里。"这句话用在职场执行任务上再贴切不过。这里所说的领导意图，是上级领导在布置工作、下达任务、做出指示时的本意，希望达到的目标和效果，它是组织工作的出发点和归宿。事实证明，只有真正领会领导的意图，才能将任务执行得准确、到位。

①对上级领导的意图要仔细品味。

上级向我们做出明确的指示时，我们执行起来自然会非常容易；但如果出于某种原因，上级在表达某种意图时十分隐晦，我们就要开动脑筋考虑其是不是有某种暗示了。

为了不与领导的意图南辕北辙，在执行前，我们最好简要地复述自己对任务的理解，得到上级领导认可后再行动；当上级领导交代的任务超越客观实际，难以完成时，要提出自己的意见供上级领导参考。

②对上级领导的思想要经常琢磨。

对上级领导思想的理解把握，除了从上级决议、领导讲话、重要工作部署去领会外，还要把功夫下在日常工作中。遇到重大任务或重要情况，主动请示。

③对上级领导的意图要坚信不疑。

作为下级，切忌用怀疑的眼光打量上级领导意图，这是工作纪律。

真正做到准确地领会上级领导的意图并坚决地执行好，想领导之所想，那么，我们便能轻松自如地争取到领导的认同了。

3.对于已经做好的决策，我们只需要充当执行者不是决策者

即使你在企业的职位再高，只要你不是老板，都要记住一点，你是协助领导完成工作的人，并不是制定决策的人。所以，对于领导的决定，你可能觉得不是最完美，甚至你完全否定，当你的建议无效时，你也应该完全放弃自己的意见，全心全力去执行上司的决定。

当我们在执行领导布置的任务时，如果你发现领导的决定是错误的，那么，你需要做的，也是唯一该做的就是，尽可能地将这项错误造成的损失降到最低限度。

烦恼的产生，很多时候都是因为过多思考的原因，无论我们做了何种决策，都会存在失败的风险，但也同时有成功的可能，一味地拖延，让他人为你决策，你的执行力也永远只能原地踏步。

在潜意识里害怕成功

前面，我们已经分析过，一些人因为害怕失败而迟迟不动手，这情有可原，但心理学专家在分析拖延的心理因素时称，一些人会因为害怕成功而拖延，也许你会认为，太荒谬了吧，简直是开玩笑。事实上，这种情形确实存在。很多人在潜意识中，的确对成功有着恐惧，也正是因为这种恐惧的存在，让他们不敢行动，最终与成功擦肩而过，只不过，人们对成功产生恐惧的理由因人而异。

周晓敏五年前就在这家策划公司工作了，可以说是一名资深员工，她能力出众、待人温和，几乎所有的同事和领导都喜欢她，这不，在最近的人事变动中，领导决定让她担任策划总监，从一名策划升到策划总监，这确实是值得庆贺的事情。这天中午，她的同事兼好友王璨把她约到咖啡厅，想当面道喜。

“恭喜你啊，周总监。”王璨故意改变以往说话的口吻，她确实为好姐妹开心。

“有什么开心的，愁死我了。”周晓敏叹了口气。

“升职了，应该高兴了，别人盼还盼不来的呢，有什么可愁的？”王璨就纳闷儿了。

“说实话，我根本就不想升职，不想加薪，就现在这样当个策划，我都觉得压力大，有做不完的事情，要是再当个总监，我还要做更多的事，承受更大的压力，我恐怕一点自己的空间都没了，再说，万一做不好呢，原本公司就有个跟我实力相当的人一直觊觎这个职位，我应付不来这个工作的话，他们更有理由找茬了。另外，我本来就是个不喜欢与人争抢的人，我也应付不了每天对下属指点来指点去的工作，一旦成了总监，我想大概每天也都有人在议论我，就连我穿了什么衣服、剪什么发型，估计都成为大家的谈资，被人始终盯着的滋味实在不好受。”

听完周晓敏的话，王璨点了点头，确实是这么个道理，然后她接着问：“那你准备怎么做？任职命令可是已经下达了的呀？”

“能怎么办？躲着呗！能拖就拖，接下来几天我都不会来公司，请几天假，就说自己不舒服，公司这几天正是缺人手的时候，我关键时刻掉链子，高层肯定觉得我不能担当大任，自然会找人代替我。”

周晓敏的一番话让王璨沉思半天，的确，人们都只是看到别人身前的荣耀，却没有看到他们身后的牺牲和压力，不过，因为害怕成功所以讨厌升职，真的正确吗?

对于王璨的疑问，我们可以给出答案，当然不正确！一个人对自己缺乏自信、害怕成功，那么，只会导致他们停滞不前，只会把自己禁锢在牢笼中。其实，很多时候，你所恐惧的成功后的事情并不一定会发生，即便发生，也远没有你想象的可怕。

现在，你不妨将你在成功后的好处和坏处都列出来，就会发现，你的担心简直是无聊至极。

身处职场，我们发现有这样两种人，一些人总是抱怨自己怀才不遇，一遇到可以表现自己的机会，就急不可耐地站出来，却给领导一个爱表现的坏印象；也有一些人，他们能力突出却害怕成功，即便机遇已经摆在面前，他们依然选择拖延和逃避，他们宁愿每天得过且过、混日子，不但迷失了个人奋斗目标，而且对公司的影响也是负面的，因为他们总是不断被周围的新人赶上甚至超越。很明显，这两种工作态度都是不对的。那么，我们该怎样做呢？

其实，无论是身处职场还是做其他事，任何时候，都不能停止进步。要知道，随着知识、技能折旧的越来越快，不断学习、不断更新知识已经成为人们保鲜的一个重要方法，是否能适应激烈的竞争环境并不断完善自己也已经成为一个职场人能否担当大任的重要考核因素。因此，我们也只有努力充实自己、敢于向成功挑战，才会真正进步。

小周是某大型企业的一名员工。高考失利后，他失去了继续读大学的机会，18岁的他就进了现在的这家企业。因为学历的原因，他只能从事最简单的产品装配工作，但他不甘心，于是，利用业余时间，他自学了很多与该产品有关的知识，并自考了一些其他课程。

转眼，小周已经工作五年了。这家企业每五年会举办一个大型的青年知识大奖赛，参加比赛的人多半是一些高学历的人，但小周还是报名了。他的参赛作品是关于公司生产部门的机器流程改造图。公司高层一见到这幅图，就惊呆了，一个生产流水线上的工人怎么可能会设计出如此让人惊叹的图呢？于是，他们找来小周，就图纸进行了一番讨论，他的解释说明，让在座的领导瞠目结舌。“我看你的简历，你只不过是个高中毕业生啊，怎么会……”

“是这样的……”

听完小周的叙述，众领导一致表示：“单位的员工要是都有你这样的学习精神，该有多好。”

很快，小周就收到通知，他被升为技术主管，负责他所提出的这一项目的改造工程。

这则职场故事中，我们见证了一个普通员工的升迁过程。员工小周之所以会被领导赏识，在众人中脱颖而出，就在于他不断学习、不断完善自己的知识结构，充实了原本知识不足的自己。

总之，我们都应该相信自己，有处理各种难题的能力，也相信自己能成功，现在，就勇敢地迈出第一步吧。

你真的享受拖延带来的劣质快感吗

在工作中，我们常常听到一些领导鼓励下属："有压力，才会有动力。"诚然，某些压力下，人们能挖掘自身潜力，但如果你是一名拖延者，你绝不能以此作为拖延的理由。你可能会以为，将工作拖至最后、在剩下几个小时的时间内加班能聚精会神，效率非常好，你认为这是一件非常刺激的事，但你最后完成的工作成果真的能让你感到满意吗？你也真的能在规定时间内完成吗？万一出现突发状况怎么办？

美国特拉华州大学的心理学家在研究人们拖延产生的心理原因时，提出了一个名词——寻求刺激，他们认为一些人，会享受拖延带来的劣质快感，这些人喜欢在高压下做事，每当他们肾上腺素上升的时候，他们感觉十分刺激，那事实又是如何呢？其实这些人根本不可能很好地完成任务。

其实，很多时候，人们真正享受的并不是集中精神工作的快感，而是在剩余不多时间内的焦虑感，他们并没有把自身内在的潜力逼出来，只是通常会草草结束手上的工作。

事实上，无论是谁，如果不改掉拖延的毛病，都必须要承受一定的代价。所以，为何不立即动手、踏踏实实地工作呢？相信那时你享受的才是充实的快乐。

米勒是一家外企的市场部经理，他的工作直接或间接地影响到市场部乃至全公司的业务，他总是忙得不可开交，想找点时间度假也非常困难，可是他的工作却从来没有干完过。因此他接受了一位效率专家的建议，从此，他的时间变得宽裕多了。

米勒说："现在我不再加班工作了。我每周工作50~55个小时的日子已经一去不复返，也不用把工作带回家做了。我在较少的时间里做完了更多的工作。按保守的说法，我每天完成与过去同样的任务后还能节余1个小时。

对我有极大帮助的一点是‘现在就办’的概念。我使用的最重要的方法是制订每天工作计划。现在我根据各种事情的重要性安排工作顺序。

我有意识地尽力克服工作上的拖拉现象。首先完成第一号事项，然后再去进行第二号事项。过去则不是这样，我那时往往将重要事项延至有空的时候去做。我没有认识到次要的事项竟占用了我的全部时间。现在我把次要事项都放在最后处理，即使这些事情完不成我也不用担忧。我感到非常满意，同时，我能够按时下班而不会心中感到不安。”

米勒的时间管理方案是有效的，而根据他的说法，他节省时间的方法就是立即处理，拒绝拖延。

人类的天性中有很多缺点，成功者之所以成功，就是因为他们多半能克服这些缺点，反之则沦为平庸者。当然，任何习惯的改变都相当困难，它意味着不适与缺陷。这些不好的天性中，就包括拖延。由于拖延而造成不良后果的事件很多，你是不是常有这样的经历：某天，你因为拖延必须加班，你认为自己的策划案充满创意，第二天，你将做好的满以为完美的工作交上去，谁知道被领导一顿痛批，于是，你只好重新来过；周一早上，你很晚才起来，于是，你急匆匆吃完早饭，拿起公文包就往公司赶，到了公司才发现，原来一份重要的文件落在了家；身为学生的你，每周末总是到晚上才开始准备周一要交的作业，结果因为时间不够只好抄袭其他人的，你的学习成绩也总是不能提高……在这些反反复复的过程中，你失去的是什么？是宝贵的时间！

我们再来做个假设，每天早上，我们早起一个小时，安排好一天的工作和生活，吃个早饭，锻炼好身体，精神抖擞地去上班，你会发现，你充满了精力，即便平时看起来难做的工作，好像也变得轻松了许多。认真工作的结果就是，你节省了时间，得到上级和同事的信任。与匆匆忙忙、一团糟的生活相比，你更倾向于哪种？

拖延的毛病容易给人带来麻烦，不但影响你的学习成绩，升学考试、就业升职，还有可能给人们的生活带来不幸，浪费时间就是耗费生命，同一件事，拖延者所花费的时间远比立即行动者多得多。拖延从表面上看似乎不是什么大毛病，但若不及时纠正，直接影响到我们的一生。一位父亲告诫他的孩子说：

“无论你以后做什么样的工作，都要做到勤奋努力、全力以赴。要是你能做到这一点，你就不必担忧自己没有好前途。你看这世界上，到处都是散漫、粗心的人，做事善始善终的人是供不应求、深受欢迎的，只有认认真真做事的人才是未来竞争的成功者。”

这位父亲的话是有道理的，一个人的成功并不在于他在做什么，而在于他有没有做到最好、做到位。成功者之所以成功，就是因为他们具备一个品质，比别人起得早、睡得晚。因此，我们在学习、生活和工作中应该以更高的标准要求自己，比别人先着手，就赢得了更多的时间。

所以，任何一个企图从拖延中获得快感的人都要认清一点：做任何事都没有捷径！学习一下那些本本分分工作的人吧，不迟到、不早退、不磨洋工，上班了立即动手做事，下班了踏踏实实享受快乐，这样的态度，虽然看起来并不刺激，但却能抓住踏踏实实、稳重的幸福，长此以往，你的能力也会获得质的提升。

20世纪80年代，有这样一个工人，他初中学历，他的上司总是对他说：“这事要这么做。”无论上司说什么，他总是一一记下，生怕漏了什么。每天，他的话都不多，总是埋头在做他自己的事，双手黏黑，额头流汗。无论上司布置什么任务，他都日复一日，不厌其烦地认真完成。在工厂里他毫不显眼，一直默默无闻，但从无牢骚，也从无怨言，兢兢业业，孜孜不倦，持续从事着单纯而枯燥的工作。

20年后，当曾经那位工厂的领导再次回到厂子与他见面时大吃一惊，当年那个默默无闻、只是踏踏实实从事单纯枯燥工作的人，居然当上了事业部长。关键是，令领导惊奇的不仅是他的职位，从他的言谈中体会到，这位工人已经是一个颇有人格魅力、且很有见识的优秀的领导。

这位工人看上去毫不起眼，只是认认真真、孜孜不倦、持续努力地工作。但正是这种坚持，使他从平凡变成了非凡，这就是坚持的力量，是踏实认真、不骄不躁、不懈努力的结果。

依赖与拖延：自主思考、自己动手吧

如果你是一名“资深”拖延者，你是否有这样的经历：学生时代，你习惯性地等待父母为你准备好一切再出门上学，晚上回家不敢一个人走夜路；择业时，你问过所有人的意见才决定从事什么职业；工作中，领导让你执行某个任务，你总是让某个前辈陪同……不少拖延者都有依赖他人的坏习惯，缺乏勇气、害怕独自执行，他们宁愿选择拖着。事实上，无论是谁，要想做出成绩，乃至获得某个领域的成功，就必须要独立思考、敢于走在人前，依赖者只会成为别人的附庸，并且，你是否考虑过，那个被你依赖的人是何感想？

芳芳是个美丽的女子，皮肤白皙、身材姣好，为人处世温文尔雅，但就是有一点不好，她是个典型的小女人，一点主见也没有。对待丈夫言听计从倒很正常，就在和闺蜜倩倩的交往中，她也总是显得很被动，就连周末晚上看什么电影也要询问倩倩。

最近，芳芳遇到了一件很苦恼的事，她发现丈夫好像有点不对劲，直觉告诉她，丈夫可能有了外遇，她不知道怎么办，便把倩倩约出来。

“我该怎么办啊？”芳芳一见到倩倩就迫不及待地问。

“什么怎么办啊，找他摊牌啊，问清楚情况。”倩倩是个急性子。

“我哪儿敢啊，这么多年来，都是他在挣钱养家。”

“程芳芳，我真不知道说你什么好，你知道吗？你最大的问题就在这儿。”倩倩脱口而出，她也不知道这样说会不会伤害自己的好朋友。

“什么问题？”

“太过依赖别人了，得了，索性我今天把话说完吧，你知道这么多年以来，你为什么都没什么朋友吗？因为他们觉得和你在一起挺累的，什么都要问他们，你的时间很充裕，一个人无聊，但大家都有工作啊，都得养家糊口。可能你和你老公在相处的过程中也是这样，你们家什么都是他做主，以至于长时间以来他觉得腻了。可能我说这些你会伤心，但作为你的好朋友，我觉得我有必要对你说。”

听完倩倩的一番话，芳芳好像被人当头一棒，但她很快反应过来："没事，我知道你是为了我好，也许我是该好好想想，也需要改变一下了。"

从这个案例中，我们看到的是，依赖者缺乏主见，无论是做事还是做人，他们习惯性听从别人的意见，他们只能被别人牵着鼻子走，并且，还让他人产生一种压抑的感觉。

有人说，生活最大的危险不在别人，而在于自身。不在于自己没有想法，而在于总是依赖别人。的确，依赖所带来的拖延足以抹杀一个人意欲前进的雄心和勇气，阻止自己用努力去换取成功的快乐。依赖会让自己日复一日地滞足不前，以致一生碌碌无为。过度依赖，会使自己丧失独立的权利，也是给自己未来挖下的失败陷阱。

曾经有一个叫魏特利的人，他经历过这样一件事：

19岁那年，一天，有个朋友和他约好，周日早上，他们一起去钓鱼，魏特利很高兴，因为他还不会钓鱼。

因此，头天晚上，他先收拾好所有装备，比如，网球鞋、鱼竿等，并且，因为太兴奋，他居然穿着自己刚买的网球鞋就上床了。

第二天一大早，他就起床了，把自己的东西都准备好，并且，还时不时地朝窗外看，看看他的朋友有没有开车来接他，但令人沮丧的是，他的朋友完全把这件事忘记了。

魏特利这时并没有爬回床生闷气或是懊恼不已，相反，他认识到这可能就是他一生中学会自立自主的关键时刻。

于是，他跑到离家最近的超市，花掉了所有的积蓄，买了一艘他心仪已久的橡胶救生艇。中午的时候，他将自己的橡胶救生艇充上气，顶在头上，里面放着钓鱼的用具，活像个原始狩猎人。

随后，他来到了河边，魏特利摇着桨，滑入水中，假装自己在启动一艘豪华大油轮。那天，他钓到了一些鱼，又享用了带去的三明治，用军用壶喝了一些果汁。

后来，他回忆这次的情景，他说，那是他一生中最美妙的日子之一，是生命中的一大高潮。朋友的失约教育了他，凡事要自己去做。

魏特利的故事告诉我们，很多时候，事情并没有你想象的那么难，你只需要走出第一步。

其实，人生成功的过程也就是个人克服自身性格缺陷的过程，如果你也有依赖性格，就必须从现在起，靠自己的努力克服。对于一些人来说，他们一旦失去了可以依赖的人，就会常常不知所措。如果你具有依赖心理而得不到及时纠正，发展下去有可能形成依赖型人格障碍。为此，你可以从以下几个方面纠正。

1. 要充分认识到依赖心理的危害

这就要求你纠正平时养成的习惯，提高自己的动手能力，不要什么事情都指望别人，遇到问题要做出属于自己的选择和判断，加强自主性和创造性。学会独立地思考问题，保持独立的人格和思维能力。

2. 要破除习惯性地依赖

对于依赖型人格而言，他们的依赖行为已成为一种习惯，为此，首先需要戒除这种不良习惯。你需要检查自己的日常行为中哪些是要依赖别人去做的，哪些是自主决定的，只需要坚持一个星期，然后将这些事件分为自主意识强、中等、较差三等去做。

3. 要增强自控能力

对于自主意识差的事件，你可以通过提高自控能力来改善；对于自主意识中等的事件，你应寻找改进方法，并在以后的行动中逐步实施；对于自主意识较强的事件，你应该吸收经验，并在日后的生活中逐步实施。

4. 学会独立解决问题

依赖性是懒惰的附庸，要克服依赖性，就得在多种场合提倡自己的事情自己做。因此，在生活中，别再让他人为你安排了，对于工作中的事，也学会独立解决吧，在人际交往中，也别总是站在别人身后了，主动伸出你的双手吧。

下篇

克服拖延的心理策略

第6章
不找借口的心理策略：积极地甩掉拖延的尾巴

有人说，这个世界上最容易办到的事情就是找借口，这一点对于那些拖延者来说应该深有体会。无论是在工作中还是在生活中，他们总是习惯将做事拖延归咎于外在因素或者是他人，比如“天气太糟糕了，所以我迟到了。”“我一直等着老板的指示呢。”“这根本不在我的工作范围内。”“你怎么不早通知我。”这些借口表面上看是拿来敷衍问责的人，其实是他们在敷衍自己，是自欺欺人。拖延的时间最终是他们自己的，所以最终受害的也是他们自己。为此，如果要想提高执行力，想要克服拖延症，就必须要摆脱借口这一拖延的尾巴。

借口总是拖延的挡箭牌

人生在世，每个人都必须具备责任感，这不仅是对他人负责，也是对自己负责。而借口与托词，则是责任的天敌。然而，在我们的生活中，总是在为自己的拖延行为找借口的人到处都是。这就是不负责任的表现。当他们接收到任务以后，并不是立即、主动地处理，而是不断地拖延，并为自己的拖延找借口。致使工作无绩效，业务荒废。可想而知，这样的人怎么可能有工作和事业上的突破？

习惯性拖延者总是能为自己找出各种各样的借口，我们也总是能看到很多借口的影子：

“因为我资源不足，所以我做不了。”

“我没有完成这些工作，是因为这段时间太忙，毕竟我是人，不是机器。”

“我没有做好，是因为我我从来没有过这方面的培训。”

“如果其他人更好地配合我的话，我想我会完成的。”

……

无所不在的借口，像空气一样弥漫在我们周围。借口变成了拖延的一面挡箭牌，事情一旦没完成，就能找出一些冠冕堂皇的借口，以换得他人的理解和原谅。找到借口的好处是能把自己的懒惰掩盖，心理上得到暂时的平衡。但长此以往，因为有各种各样的借口可找，人就会疏于努力，不再想方设法争取成功，而把大量的时间和精力放在如何寻找一个合适的借口上。

有命令就要去执行，这是我们每个人都应该遵循的做事准则。因为懒惰，你的那些借口能为你带来一时的安逸，些许的心灵慰藉，但是却会让你付出更昂贵的代价。

徐翔是某机械公司的员工，已经有五年的工作经验，五年来，他一直与单位的同事相处融洽，与领导也相安无事。可是，这天，他却失控了，居然与领导拍桌对骂。

其实，对这一点，同事和领导都没觉得意外，因为徐翔对待工作实在太马虎了事了，无论做什么事，都是一拖再拖，经常还会耽误其他人的工作。其实，原来的徐翔并不是这样的，他的改变是从一次意外事故后开始的。那天，徐翔上夜班，可能是因为太困了，一不小心，他从架子上摔了下来，幸亏架子不高，腿只是有点轻微的骨折，到现在，徐翔走路也看不出来异样。

然而，从那以后，领导安排徐翔什么事情，他都借口自己的腿不方便，毕竟是因为工作出的意外，领导也不好说什么。

然而，时间久了，领导也对他有意见了。一天，他还是和往常一样，比正常上班时间晚了半个小时来到单位，到了以后，他接到一个电话，主任安排他随兄弟部门的车下乡去一趟。于是，原本准备上楼的他就在单位门口等车。可是，一个多小时过去了，却没见到车的影子。于是，他就给主任打电话。谁知道，下乡的车已经早开走了。主任说：“那你为什么迟到呢？”

徐翔赶紧来到主任办公室，想当面向他解释清楚。主任却说：“今天，你必须得去。要不然就自己坐公共汽车去吧！”说完，又忙自己的了。徐翔的怒火“腾”地一下蹿得老高。这明摆着就是在惩罚自己，而自己错在哪儿了？“我不去。”他冷冷地说。“嘭”，主任猛地一拳捶在桌上，咬牙切齿地说：“今天你去也得去，不去也得去。”徐翔气急了，也砸了一下桌子。

这一瞬间，主任吃惊地望着徐翔，这时，办公室外也已经挤满了来看热闹的人。

从那件事以后，好像主任有意冷落徐翔，他把办公室能处理的事情都交给别人做，这让徐翔寝食难安，最后，徐翔只好辞职，因为这家公司他确实待不下去了。

这则职场故事中，职员徐翔总是拿曾经因工受伤这一借口拖延工作，因为拖延，他也与领导产生了纠葛，最终只得辞职离开。

在做事的过程中，经常找借口的后果就是逐渐养成拖延的坏习惯，初始阶段，也许你会有点自责，但随着拖延次数的增加，你会变得盲目，甚至到最后，你也认为自己做不到的原因正是借口中所说的原因。

在很多人羡慕的美国西点军校，“保证完成任务！”是学员们的标志性话语。“保证完成任务！”绝不是一句简单的口号，它是一名军人对命令的承诺，是勇士对责任的崇敬，是全世界的军人、战士对理想的执着。在西点军校中，任何命令都是言必信、行必果的军令状，只有执行，没有任何借口。在执行任务中，遇到困难总是想尽办法克服，不惜一切代价坚决完成任务。

一个漆黑、凉爽的夜晚，地点是墨西哥市，坦桑尼亚的奥运马拉松选手艾克瓦里吃力地跑进了奥运体育场，他是最后一名抵达终点的选手。

这场比赛的优胜者早就领了奖杯，庆祝胜利的典礼也早就已经结束，因此艾克瓦里孤零零地抵达体育场时，整个体育场几乎空无一人。艾克瓦里的双腿沾满血污，绑着绷带，他努力地绕完体育场一圈，跑到了终点。在体育场的一个角落，享誉国际的纪录片制作人格林斯潘远远看着这一切。在好奇心的驱使下，格林斯潘走了过来，问艾克瓦里，为什么要这么吃力地跑到终点。

这位来自坦桑尼亚的年轻人轻声地回答："我的国家从两万多公里之外送我来这里，不是叫我在这场比赛中起跑的，而是派我来完成这场比赛的。"

这是让人振奋的一句话：没有任何借口和抱怨，职责就是一切行动的准则！处在平凡岗位的人们，或许你经常感叹为什么成功的机遇总是不光顾你？为什么领导不愿意让你担当重大事件的处理工作？为什么同事们不愿意信任你？不妨从现在开始反省下，你是否有拖延、找借口的习惯？如果有，那就彻底把借口从你人生的字典中永远剔除。我们要从以下三个方面努力：

1. 要克服懒惰，选择行动

一个人之所以懒惰，并不是能力的不足和信心的缺失，而是在于平时养成了轻视工作、马虎拖延的习惯，以及对工作敷衍塞责的态度。要想克服懒惰，必须要改变态度，以诚实的态度，负责、敬业的精神，积极、扎实而努力，才能做好工作。

2. 要端正态度，直面责任

"积极高昂的态度能使你集中精力完成自己想要的东西。"在工作中，应始终保持平常心态，在任何时候，工作和责任始终捆绑在一起，工作越好，责任越大，没有工作也就无所谓责任，要敢于负责。

3. 要没有借口，立即行动

工作的最终目的就是把工作做好，实现最大的效益，任何的借口和拖延都将成为工作的敌人。工作的选择、工作的态度，工作的热情都建立在立即工作和立即行动上，只有行动才会让这一切变成现实。

所有的拖延借口都是会被识破的口是心非

对于那些拖延者来说，也许他们最喜欢做的事，就是对监督自己的人"解释"自己为什么没有完成任务，这些借口名目繁多，比如，假期结束前，你需要交一篇论文，但整个假期，你一想要写论文就心烦，于是，你不断地拖延，等了好多个“明天”，但直到最后，你也没写出来。于是，交论文的时候，你只能对你的指导老师说这样的话——“我本来写好了的，但是被狗狗撕坏了。”“我用笔记本写的，但是却忘记保存了，最后因为停电丢失了。”看，我们给他人的解释与自己内心的想法很明显是不同的。

可见，拖延很容易让人陷入口是心非的陷阱中，当然，别人也会看出我们的借口。所以，很多时候，借口只是在自欺欺人而已。之所以这样说，是因为：

1. 你因拖延而产生的后果并不会因为借口而发生改变

在做某件事的过程中，经常会出现一些“状况”，在拖延者看来，这些障碍就是阻止他们完成任务的借口，他们最终拖延了任务的提交时间，但却不反省，也不认为是自己的责任，反而义正词严地认为如果没有这些障碍，自己可以做得很好。

然而，这些借口真的能为你免除责任吗？那些从来都准时上下班、顺利完成任务的人难道就没有遇到过障碍吗？在他们做得不够好的时候，只会寻找自身的原因，而不是找借口。

然而，心理学家经过分析发现一个惊人的事实，很多人并不认为自身是拖延和失败的根源，反而认为是失败导致了自身问题的存在。

比如，“如果我不是这么害羞，我相信会有人喜欢我的，交朋友对于我来说实在是一件困难的事情。”再比如，“不是我的错，我没有做成这件事，是因为其他事妨碍了我。”很明显，这些借口都是人们对自己的束缚，更是他们强加到自己身上的。

2. 拖延只会导致失败

任何一个踏实工作的人从不会给自己找借口推延，因为他们知道上司要的是结果，而不是你再三解释的原因。因为无论在什么情况下，拖延只会导致失败。

在商场上，买卖双方谈判一宗上千万元的大生意。这时候你能拖延吗？时间就是金钱啊！你的一点点拖延都会让对方产生不信任感，犹豫之中，你赚钱的机会就在不经意间溜走了。

在考场上，面对题目繁杂的试卷，你能够拖延吗？时间就是分数啊！你的拖延很可能使自己无法按时答完试卷。慌忙之中，你乱了阵脚，看错题，或来不及做题，思路混乱，不能发挥自己的正常水平。于是乎，本应是状元的你落榜了。

在职场上，面对一项项富有挑战的工作，你能够拖延吗？时间就是机遇啊！你的一点点拖延可能会耽误整个公司的流程，丧失最佳竞争时机，同时你也失去了成功的机会。

可见，拖延的坏毛病是绝对要不得的！但生活中，每天还是有那么多人在浪费着自己的生命。无数事实证明，如果你想成功或成为你理想中的人，最好的办法就是绝不拖延，立即行动！光“说”不“练”肯定不行，这就要求我们平时就要养成立即行动的习惯，一旦发生了紧急事件，或者当机会来临时，能作出强有力的反应。同时，我们做事情一定要设定完成期限，并告诫自己是无法变更的，这样，你就没有再拖延的借口。

生活中，拖延会像癌细胞一样逐步扩散，直至吞噬你的整个生命。你每次拖延所产生的负面能量会一点一滴地积累起来，最后，它会以水滴石穿般的威力严重影响你的自信、自尊、自爱，最终使你彻底崩溃。

当然，这一危险意识是需要自己去感悟的。方法只是一种帮助你消除拖延的辅助手段，最主要的还是取决于你的思想和态度。只要你端正态度，让绝不拖延深入内心，即便没有任何方法，也能消除拖延。所以，选择权掌握在你手中！

负责的人，不需要借口

无论是工作还是生活，我们都强调责任感。什么是责任？一个企业管理者说：“如果你能真正地钉好一枚纽扣，这应该比你缝制出一件粗制的衣服更有价值。”这就是工作中的责任，无论自己的工作是什么，重要的是你是否做好了你的工作。要知道，任何一位领导，都希望自己的下属能尽力做好自己的工作。而做好自己工作的第一步，就是立即执行。所以，领导者始终相信，只有那些绝不拖延的人才能勇于承担责任，才有可能被赋予更多的使命，才有资格获得更大的荣誉。我们先来看下面一个职场故事：

文秘专业毕业的菲菲毕业后就在一家小型公司担任经理秘书。身为秘书，本身应该工作清闲，但菲菲却不是，因为这家公司小，所以很多杂事都被菲菲一手包办了。菲菲没有抱怨，反而努力地工作着，因为她一直感谢这家公司给予的机会，让自己逐渐地成长起来。

这天，菲菲在办公室整理这个月财务部送上来的报表，第二天经理开会时需要这份文件。这时，经理气急败坏地走了进来，冲着菲菲嚷嚷道："陶菲菲，你给我进来。"办公室的其他同事，听到经理生这么大的气，都觉得菲菲这次肯定要挨批评了，都为她捏了一把汗。

半个小时过去了，菲菲出来了，经理也走了出来，菲菲还是和进办公室时候一样淡定，而经理脸上，则明显挂满了笑容，并对菲菲说："陶菲菲，好好干，我看好你！"

同事们很诧异，问菲菲怎么回事。

菲菲说："今天，经理在拿着我整理的报表去总公司开会的时候，被董事长批评了，因为表格上的一个小数点问题，董事长说他粗心大意。经理自然回来就不高兴了，这报表虽然是我整理的，但这也是从财务部门拿过来的，我只是负责整理，并且，最重要的是，经理自己应该亲自看一遍，对于这个问题，经理责备我把报表上交得太晚了，所以导致了他没来得及看。经理进门看到我，自然气不打一处来，我也不笨，总不能和他据理力争吧，我就主动承认是因为自己拖延导致出现这么大的问题，并对经理感激了一番，说他批评得对，以后一定及时工作、不拖拉。并且会认真工作，对于报表一定多检查，即使是财务部门送过来的，也要仔细再看几遍，这样一说，经理气消了，也明白责任不在于我。后来，经理又和我聊了会儿，我告诉经理，希望他以后能多多指教，帮助我更好地在工作中锻炼自己，说着说着，经理就高兴起来了……"

从这个案例中，我们发现，面对气急败坏的领导对自己的批评，虽然责任并不在于自己，但菲菲还是主动承认了自己的失职，虚心地接受了领导的批评，并对领导感激了一番，消除了领导的怒火。可以说，菲菲是一名负责任的员工，这样的员工即便没有按时完成工作任务，也不会找借口推脱。当然，通常来说，负责的人是不会拖延工作的，就案例中的情况来看，问题造成的原因也并非在于菲菲一人，相反，推脱责任的是她的领导，他把报表中的数据问题归结为菲菲上交报表时间太晚，其实只是借口而已。

可见，工作中，要做到负责任，有两点要求，一是及时着手工作，绝不拖延；二是一旦没有完成工作，就主动承担责任，并找到挽救的方法。这里，与其给自己找理由推脱，还不如大方地承认。领导者会因为你能勇于承担责任而不责难你；相反，推诿责任、搪塞敷衍、找借口为自己开脱，不但不会得到别人理解，反而会“雪上加霜”，让别人觉得你不但缺乏责任感，而且还不愿意承担责任。

所以，我们需要做到。

1. 马上去做

对于领导交代的任务，你需要马上去做。每个上司都希望自己的员工有强有力的执行力，如果你在接到任务时左右迟疑、战战兢兢，那么，上司可能会非常生气，对你也很失望。

2. 没有完成任务绝不找借口

工作中，一些人在没有完成任务后，不去寻找解决问题的方法，而是寻找各种为自己推脱的借口。

“如果不是经理没布置清楚，我一定会干得很出色的。”

“如果不是天气恶劣，我一定会准时到的。”

“如果不是别人给我设置某种障碍，我一定会顺利完成的。”

“如果不是客户太挑剔，我一定不会发火的。”

世界上没有那么多的“如果”，无论是懊悔也好，还是逃避责任也罢，这不能解决任何问题。任何一个领导也不希望听到这些借口，没有完成任务的原因无论是主观的还是客观的，只能说明你工作没做到位，责任就在于你，这是不可推脱的。

3. 寻找弥补的措施

其实，与其绞尽脑汁寻找那些为自己开脱的借口，倒不如想想怎么能把出现的损失降到最低点。我们应该尽量制作一份新的弥补方案，并完善好细节，因为大多数情况下，问题都出在细节上。

所以，作为员工，不要总抱怨领导没有给你机会，有空的时候不妨仔细想一想，当你的领导交给你某项任务，你是否漂亮地完成并且没有那么多的借口呢？你是否平时就给老板留下了一个能够承担责任勇于负责的印象呢？如果没有，你就别抱怨机会不来敲你的门。

拖延是一种自我设限的行为

不难发现，在任何一个领域，做出成绩的人都是行动能力强的人，与他们相比，那些拖延者因为经常阻碍自己的行动，所以并不会有什么大作为。

立即行动，而不是寻找任何的借口逃避，这样的人才能最终赢得胜利女神的垂青。洛克菲勒曾说："不要等待奇迹发生才开始实践你的梦想。今天就开始行动！"行动是成功的保证。只有行动才会产生结果。世上没有任何事情比下决心、立即行动更为重要，更有效果。因为人的一生，可以有所作为的时机只有一次，那就是现在。

在1921年，当电报机发明成功25年之时，《纽约时报》有一篇文章谈到了电报对信息传播的重大作用。有十几个人，就从这则报道中得到了启发。他们想，如果创办一份文摘刊物，让读者从大量的信息中获得自己需要的信息，肯定会受到欢迎。但当他们申请邮局发行时，得到的答复是因为还从没有过这类刊物，目前条件还不成熟，还要等一等。绝大多数申办者就只好等等再说。

这十几人中有一位叫华莱士的青年却毫不犹豫，他想：邮局不发行，我可以自办发行呀，他没有等待，而是将订单装入2000个信封中，从邮局发往各地。

就这样，这位青年创办了世界上很少有的文摘刊物，它一下子拥有了不少的读者，而且市场越来越广阔，这就是有名的《读者文摘》。到了2002年，这本刊物已成为了世界性的刊物。它用19种文字出版，发行到127个国家，年收入达5亿多美元。

说一尺不如行一寸。只有行动才能缩短自己与目标之间的距离，只有行动才能把理想变为现实。行动是治愈恐惧的良药，而犹豫、拖延将不断滋养恐惧。成功的人都把少说话、多做事奉为行动的准则，通过脚踏实地的行动，达成内心的愿望。

其实，每个人或多或少都存在着"拖延"这一不良习惯。但你是否认识到拖延的危害？试想一下，你如果拖延了一件事，那必定就占用了之后处理其他事情的时间，如此积累，你将拖延多少事，浪费多少机遇，造成多大的损失呢？不仅如此，拖延的习惯还会滋长人的惰性，一旦产生了惰性，人便失去了前进的动力。

很多事实证明，那些有拖延习惯的人，也总是自怨自艾，没有尝试就轻言做不到是弱者的表现。一个人如果自我设限，那么必当导致行动迟缓。可见，任何时候绝不能让拖延成为我们的束缚，那些成功者之所以能成功，就是因为他们对"不可能"多了一分不肯低头的韧劲和执着。

2001年5月20日，美国一位叫乔治·赫伯特的推销员，成功地把一把斧子推销给了布什总统。布鲁金斯学会为此把刻有"最伟大推销员"的一只金靴子赠予了他。

在推销斧头之前，正值克林顿当政，当时学会给学生出的题目是：请把一个三角裤推销给克林顿总统。这个题目难倒了所有学员整整8年。基于前8年的失败与教训，许多学员垂头丧气，因为布什是一种典型的美国西部牛仔的性格：刚硬、倔犟、不容易接近。但赫伯特没有轻言放弃，他相信小布什总统德克萨斯的农场肯定有需要斧头的时候。但是仅仅这样远远不够，必须赋予斧头一定的情感价值，才能打动布什的心。于是他开始潜心研究布什总统的喜好，比如穿衣的风格、特别的嗜好等等。渐渐地，他终于准确地把握了布什的心态。

成功后，面对记者的采访，赫伯特说："我认为，把一把斧头推销给小布什总统是完全可能的，因为布什总统在德克萨斯州有一个很大的农场，里面绿树成荫。于是我胸有成竹地给他写了一封信：'总统阁下，有一次，我有幸参观您的农场，发现里面长着许多矢菊树，有些已经死掉，我想，您一定需要一把小斧头……'然后布什总统真的给我汇了15美元。"

很多时候，不是因为有些事情难以做到，而是你自我设限、不愿立即去做。从现在起，把"做不到"从你的词典中删去吧，我们也应该这样想："不是做不到，只是暂时还没有找到解决问题的方法。"在成功者的眼里，越是不可能做成功的事，越可能成功。

其实，人人都能下决心做大事，但只有少数人能够立即去执行他的决心，也只有这少数人才是最后的成功者。如果你有了强烈的愿望，就要积极地迈出实现它的第一步，千万不要等待或拖延，也不必等待具备所有的条件才开始行动。记住：你可以创造一些条件！

总之，拖延是一种顽固的恶习，但绝不是不可改变的天性。一旦你摈弃了拖延的坏毛病，那你就等于成功了一半。不要等到看清楚每个问题的解决办法之后才开始干。塞缪尔·约翰逊说："如果要先搬掉所有的障碍才行动，那就什么也做不成。"成大事者会立刻抓住大好时机，迅速作出重大决定，然后马上投入行动。如果你想成功，就要立即行动起来。

不找借口之后是如何去执行

对于一些人来说，拖延已经成为他们的生活习性，并且，他们还常为自己的拖延行为找借口。一旦陷入这种可怕的行为怪圈中，他们便会束缚自我，很难在工作中取得大的成就。

每一个工作——不论是经营事业、高级推销工作或在科学、军事、政府机关工作，都需要脚踏实地的人来执行。任何企业需要的正是具备那种负责、敬业精神的人：他们想尽办法去完成任务，而不是去寻找任何借口。

在美国内战中，林肯总统曾花费三年时间寻找一位能一统南北的将军。林肯的条件是：这个人勇于行动，敢于负责，向敌人进攻，打败它们。林肯先后任用了四名总指挥官，而他们没有一个人能“百分百执行命令”。最后，任务被格兰特完成。

1862年2月6日，格兰特率领17000大军在海军准将富特的炮艇护送下，开始了这次历史上最富想象力的战役。惮于格兰特的勇猛，对方派人询问格兰特，如果他开城投降将给予什么条件。格兰特断然回答：“没有任何条件可讲，只有立即无条件投降，否则马上下令进攻！”

当南方军队竖起白旗，15000名士兵放下武器时，格兰特取得了北方到那时为止的第一次重大胜利，从而收复了肯塔基州。

后来，格兰特将军做了美国总统，有一次，他到西点军校视察，一名学生问格兰特：“总统先生，请问是西点的什么精神使您勇往直前？”“没有任何借口。”格兰特回答。

无论什么工作，都需要这种不找任何借口去执行的人。无论是一支球队、一个企业，还是一个团队、或一名员工，如果没有完美的执行力，就算有再多的创造力也可能没有好的成绩。在现实生活中，我们缺少的正是那种想尽办法去完成任务，而不是去寻找任何借口的人。

对于当代企业最重要的理念是“强调执行力”的思想。不找借口之后最重要的是如何去执行。一个有执行力的军队是总能打胜仗，一个有执行力的企业是具有核心竞争力的。

任何组织或个人要完成上级交付的任务就必须具有强有力的执行力。接受了任务就意味着作出了承诺，而完成不了自己的承诺是不应该找任何借口的。所以，没有任何借口是执行力的表现，体现出一个人对自己的职责和使命的态度。思想影响态度，态度影响行动，一个不找任何借口的人，肯定是一个执行力很强的人。

无论做什么事情，都要记住自己的责任，无论在什么样的工作岗位上，都要对自己的工作负责。不要用任何借口来为自己开脱或搪塞，完美的执行是不需要任何借口的。

十多年前，他在一家建筑材料公司当业务员。当时公司最大的问题是如何讨账。产品不错，销路也不错，但产品销出去后，总是无法及时收到款。

有一位客户，买了公司10万元产品，但总是以各种理由迟迟不肯付款，公司派了三批人去讨账，都没能拿到货款。当时他刚到公司上班不久，就和另外一位姓张的员工一起，被派去讨账。他们软磨硬磨，想尽了办法。最后，客户终于同意给钱，叫他们过两天来拿。两天后他们赶去，对方给了一张10万元的现金支票。

他们高高兴兴地拿着支票到银行取钱，结果却被告知，账上只有99920元。很明显，对方又要了个花招，他们给的是一张无法兑现的支票。第二天就要放春节假了，如果不及时拿到钱，不知又要拖延多久。

遇到这种情况，一般人可能一筹莫展了。但是他突然灵机一动，于是拿出100元钱，让同去的小张存到客户公司的账户里去。这一来，账户里就有了10万元。他立即将支票兑了现。

当他带着这10万元回到公司时，董事长对他大加赞赏。之后，他在公司不断发展，5年之后当上了公司的副总经理，后来又当上了总经理。

这个精彩的讨账故事，博得了大家阵阵热烈的掌声。大家都很钦佩他凡事主动想办法的精神，而且一致认为：他能有今天的发展，与他这种精神密切相关。

的确，一个人只有坚持“不找借口找方法”的信念，才能对自己的事业有热情，不管遇到什么事，都能以办法代替借口。

而我们发现，生活中，对于一些人来说，那些困难很容易成为他们懒惰、放弃、改变目标的借口，一段时间后，又常常自责。这种消极情绪一旦循环，将会限制你能力的发展。

很多时候，如果你把精力都放在问题本身上，就很难发现解决问题的办法。而实际上，在困难面前，如果我们不找借口，而是挖掘如何解决问题的方法，你会发现，人的潜能的确是无限的。总之，抛弃找借口的习惯，你就会在做事过程中学会大量的解决问题的技巧，这样借口就会离你越来越远，而成功就会离你越来越近。

五个步骤帮你摆脱拖延的借口

如果你的身边有拖延者，你会发现，对于他们来说，总是有这样那样的借口，借口成了一面挡箭牌，某件事一旦没完成，就能找出一些冠冕堂皇的借口，以换得他人的理解和原谅。找到借口的好处是能把自己的过失掩盖，把应该自己承担的责任推卸，心理上得到暂时的平衡。但长此以往则有害而无益。这种消极的态度会剥夺个人成功的机会，最终让人一事无成。优秀的人从不在工作中寻找任何借口。因为他们知道，寻找借口的恶习一旦养成，失败也就接踵而来。杰出人士与平庸之辈最根本的差别，并不在于天赋，也不在于机遇，而在于是否具有成功的态度。这种态度就是失败了不找借口，而是反躬自省，从自己身上找原因。

庆幸的是，对于很多人来说，他们已经认识到找借口对于高效行动和克服拖延症的负面影响，他们也在积极寻找解决这一问题的方法。为此，我们总结出了五个步骤：

第一步，认识：找出工作中那些你总喜欢为自己的拖延行为开脱的借口。

人们的拖延行为形态各异，找出来的借口也纷繁复杂，不过我们经常能听到的集中借口是：

1.“我太忙了。”

在很多公司或企业，我们总是能听到这样的对话：

“杰克，我交给你的任务进展如何？”面对领导的问题，回答一般是这样的：“着手在做了，只是最近太忙了，我还得处理其他好几个工作。”或者“真不好意思，我还没开始呢，太忙了最近，你知道我还得做……”

“小李，你去帮我查一下李先生最近什么时候有空，帮我约一下他，有笔业务要谈。”“对不起主管，我手头事情太多了，你找小张吧。”

也许“忙”是我们最容易说出口的借口，也最容易被人理解，然而，不知你是否意识到，你太忙，只能说明你工作效率低、工作不称职，如果你实在做不好，总有人会代替你。还是想想怎么在不说出忙的借口下努力提高你的执行力吧！

2.“为什么不早跟我说。”

很明显，这是被人们称为马后炮的借口，很轻松地就把责任推卸到他人身上，这个人很有可能是你的上司，他并不愿意听到你这样的借口，在对你失望后，他可能会选择其他人去做这件事。

3.“这件事不归我管。”

在企业内部，这种推卸责任的话经常会充斥在我们耳边，这是一种缺乏团队精神的表现，这种人通常都会被团队排斥在外。

4.“等老板回来再说吧。”

要知道，老板终究是老板，他日理万机，分身乏术，他聘请员工回来就是自己解决问题的，而不是将问题都推回给他，如果你总是用这样的借口推脱责任，那么，最终你只能被炒鱿鱼。

当然，我们做事拖延的借口还有很多，每个拖延者惯用的借口也不一样，但无论如何，请把这些借口写下来，然后在下次行动的时候告诫自己绝不可再以此为挡箭牌。

第二步，付诸行动：用理性克服拖延行为。

找到自己常用的借口，还需要真正用行动来戒除。尝试着每次在接到任务的时候说：“我马上去做吧。”这句话会督促你去实施，然后你需要一个行动计划，最主要的是，一定要在计划中限制你的完成日期。

诺斯古德·帕金森是英国著名的历史学家，他在分析了为何“大型组织大而无当，毫无生气”时，指出：“事情增加是为了填满完成工作所剩的多余时间。”这个定律告诉我们，工作效率低，是因为我们给了这个工作太多的时间。

帕金森描述了一位老太太花了一整天时间，寄一张明信片给她侄女的过程：花一个小时找那张明信片；花一个小时找眼镜；花半个小时查地址；花一个半小时写明信片；用20分钟考虑寄信时要不要带伞。就这样，一个只需花3分钟就能干完的事情，却让老太太花了一整天时间才干完，并且犹豫不决、疲惫不堪。

从这个实验中，帕金森得出结论：做一份工作所需要的时间、精力、资源，与工作本身并没有太大的关系，一件事情膨胀出来的重要性和复杂性，与完成这件事话的时间成正比。换句话说，如果你给自己太多时间完成一件工作，那么，不仅不能提高效率，反而会容易使人懒散，缺乏工作激情。

第三步，融合和强化你的执行力。

这个阶段，你的执行力已经得到一定程度的提高，但偶尔还是会有拖延的想法，因为在执行的过程中，确实出现了一些难度，此时为了避免产生放弃的念头，你必须要强化你的执行力。为了克服畏难情绪，你要规定自己首先处理一些重要事务。

我们每天都要处理很多事务，很多人认为，先处理那些不紧要的事务，会起到激励自己的作用，实际上，这种想法是错误的，把最紧要拖到最后来干，你会发现，经过一天疲惫的工作后，你已经没有精力和时间来完成它了。

而我们之所以有这样的想法，实际上是因为有畏难情绪，是有意识地回避那些重要的、难度大的工作。因此，我们一定要克服这样的心理倾向，首先着手最重要工作，用足够的时间精力来处理它，并把它办好。

第四步，接受不完美。

如果你是个完美主义者，在每次行动前，你是否都习惯规划整件事，然后将每个细节都考虑在内？但最终，你白白浪费了时间、延误了开始的时机，其实，与其有个完美的开始，不如有个完美的结局，很多时候，把事情做完远比把事情做得完美更适当。

第五步，持之以恒，形成良好的做事习惯。

这是摆脱拖延症借口的最后一个阶段，最重要的是需要我们的坚持。很多事情，只要你持续去完成，就一定能做成。

第7章
战胜抱怨的心理策略：做个不拖拉不抱怨的人

在我们的生活和工作中，总有些人对自己的现状不满意，于是，便有了抱怨声。一个人一旦开始抱怨，自然就会分散注意力，毫无节制地抱怨，会让他们对工作产生对抗情绪，拖延心理和拖延行为随之出现，原本做好的计划也会被打乱，工作任务也不能按时完成，其实，拖延者的抱怨来自于他们不能正确地调节自己的心态。事实上，一个懂得感恩的人从不抱怨，一个珍惜时间的人从不抱怨，一个做事高效的人更没有时间抱怨。因此，少一些抱怨，多一些感恩吧！不要认为自己很辛苦，不要认为你的工作比别人多，正是因为你付出的多，也才有证明自己能力的机会，才会遇到比别人更多的得分机遇！

习惯性抱怨导致拖延心理的产生

生活中，我们常常听到身边的人抱怨道：“哎！工作太累，天天都有做不完的活，连喘口气的机会都没有！”“看看我们公司的那伙人，那素质简直没法说！”“我们家那位一天只知道挣钱，连结婚纪念日都忘记了。”“我怎么就生了这么笨的一个儿子，学习上好像从来不用脑子。”……抱怨就像瘟疫一样在我们周围蔓延，愈演愈烈。在他们看来，似乎从没有遇到顺心的事，因为抱怨，他们不仅把自己搞得很烦躁，还无形中耽误了手头的事。

其实无论是工作还是做其他事，一旦抱怨产生，就有对抗心理，进而产生拖延心理，而拖延也会加重事情的难度，便再度让你陷入糟糕的情绪中，于是，习惯性拖延症就逐渐形成了。我们发现，无论是正在学习的学生，还是在做事的员工，只要一开始抱怨，他们的效率就会缓慢很多。

而实际上，抱怨对于事情的解决毫无益处，它只会让我们在忙碌中兜圈子，相反，如果我们能心平气和地正视问题，厘清自己的思绪，那么，找到解决问题方法的概率便会大大提高。

小李高考落榜后，就在一家汽车修理厂工作，从他开始工作的第一天，就对自己的工作充满了不满，他开始抱怨："修理这活太脏了，瞧瞧我身上弄的！""真累呀，我简直讨厌死这份工作了！""要不是考试中出了点失误，我现在都是名牌大学的学生了。做修理这活太丢人了！"

每天，小李都在煎熬和痛苦中过日子，但他又害怕失去手上这份工作，于是，只要师父不在，他就耍滑偷懒，应付了事。

几年过去了，与小李一同进厂的三个工友，各自凭着自己的手艺，或另谋高就，或被公司送进大学进修，独有小李，仍旧在抱怨声中，做他所蔑视的修理工。

可见，无论我们做什么事，要想取得成绩，就必须要拿出全部的热情，如果你也像小李那样鄙视、厌恶自己的工作，对它投注"冷淡"的目光，那么，即使你正从事最不平凡的工作，你也不会有所成就。

为什么抱怨的人会说生活这么累，因为他只看到了自己的付出，而没有看到自己的所得；而不抱怨的人即使真的很累，也不会埋怨生活，因为他知道，失与得总是同在的，一想到自己所得，他就会感到高兴。的确，抱怨只会让我们浪费大把的时间，因为它会破坏我们原本积极的潜意识。你可能有过这样的体会，只要我们的头脑中有一丝抱怨的意识，那么，我们手中的工作就会不由自主地慢下来，然后为自己鸣不平、讨公道，甚至是抱怨老天不公，在这种坏心情的影响下，不仅我们的工作和生活都受到了影响，我们的心态也会改变，而真正的勇者，总是能淡定、冷静地看待世界，审视自己，最终成就自己。

其实，没有一种生活是完美的，也没有一种真正让人满意的生活，如果我们能做到不抱怨，而是以一种积极的心态去努力进取，能做到珍惜时间的话，那么，收获的将会更多，而如果我们一旦养成抱怨的习惯，那就像搬起石头砸自己的脚，与人无益，于己不利，于事无补，生活就成了牢笼一般，处处不顺，时时不满。所以，每个人都应该认识到：自由的生活，本身就是最大的幸福，哪有那么多抱怨呢？

因此，无论你的情况如何，都不要抱怨，生活是你的朋友，不是你的敌人。生活中总是有些不尽如人意，就算生活给你的是垃圾，你同样能把垃圾踩在脚底下，登上世界巅峰。

所以，一旦我们产生习惯性抱怨，那么，拖延心理随即产生。戒除抱怨、才能改正拖延的习惯，提高做事效率。其实，社会中，每个人都应该各司其职，无论是学习、工作还是做其他事，这都是实现人生价值的方式，也是我们幸福的源泉，既然如此，那还有什么可抱怨的呢？

从不浪费时间的人，没有工夫抱怨时间不够

“从不浪费时间的人，没有工夫抱怨时间不够。”这句话的提出者是杰弗逊，它指出了时间对于我们的重要性。因为时间是生命的构成部分，任何一个人都没有太多的时间去挥霍。

的确，“效率就是金钱”，绝对不是一句空话。可以说，追求成功，必须追求效率。同样，要想成功，就必须惜时。实际上，任何人，只要能充分利用好时间，那么，必当会成才。有些人只是利用好了几年，有些人只重视年轻时代，而成功者会尽量利用好每一天，甚至利用好每一分钟乃至每一秒钟。他们很少有浪费时间的行为，成功实质上就是时间利用上的成功。

然而，一旦我们开始抱怨工作、抱怨生活，我们就会无意识地放慢手头的工作，也就是说，如果我们想高效地做事，想要解决问题，就要停止抱怨，用实力证明自己，用理智解决问题。要永远记住一点，我们的最终目标是解决问题，而不是发泄情绪。

其实，任何社会，都是强者更强，弱者更弱，弱肉强食。弱者很多时候不是去把自己磨炼成强者，而是不断地抱怨不公平。他们从来弄不清楚，这

个世界上其实没有绝对的公平。只有有能力的人才能在社会中处于竞争的优势。因此，既然我们没有办法选择社会环境，为什么我们不选择自己呢？与其去抱怨，不如努力提高自己，为自己在未来的竞争中处于优势而提前练好功力，这才是正道。功力都不想练，却想能够成为赢家，天下有这么好的美事吗？

大发明家爱迪生并不是一个学历很高的人，事实上，他只上过三个月的小学。他后来的成就，第一归功于母亲的教导，第二就是因为他珍惜时间。

爱迪生在研究期间，经常对自己的助手说："最大的浪费莫过于浪费时间了。"因此，他常常告诫自己："人生太短暂了，要多想办法，用极少的时间办更多的事情。"

一天，爱迪生在工作时，交给助手一个任务——测量一下灯泡的容量，交代完事情以后，他又埋头工作了。

过了会儿，他问助手，你测出来的结果是多少，没想到，助手还在慌忙地测量灯泡的各个数值——周长、斜度等。

看到这里，爱迪生着急地说："时间，时间，怎么费那么多的时间呢?"于是，他走过去，接过灯泡，向里面注满了水，后交给助手，说："里面的水倒在量杯里，马上告诉我它的容量。" 助手立刻读出了数字。

爱迪生说:"这是最简单的策略方法了，既准确又节约时间，你怎么想不到呢？还去算，那岂不是白白地浪费时间吗?" 助手的脸红了。

爱迪生喃喃地说:"人生太短暂了，要节省时间，多做事情啊!"

历数古今中外一切有大建树者，无一不惜时如金。古书《淮南子》有云："圣人不贵尺之璧，而重寸之阴。"他们从不抱怨，更不拖延。因为他们深知，抱怨只会让自己分散注意力，只会让自己的情绪更糟糕，只会更浪费时间，既然抱怨无益于解决问题，还不如抓紧时间、赶紧解决手头上的事。

有句话讲得好，如果想抱怨，生活中一切都会成为抱怨的对象；如果不抱怨，生活中的一切都不会让人抱怨。总是以抱怨的心态工作，做起事来难免拖拖拉拉、草率敷衍，更别说展现出富有激情的、创造性的工作表现了。

可能现在的你每天为生活奔波，生活、工作压得你喘不过气来，你开始抱怨生活、抱怨上司，抱怨家人。但其实，有压力，才有动力，压力带给我们的不仅仅是痛苦和沉重，还能激发我们的潜能和内在激情。如果说，人一生的发展是不易反应的药物，那么压力就是一剂高效的催化剂。它不是鼓励你成功，而是逼迫你成功，让你没有选择不成功的余地。它带给人的，不仅仅是痛苦，更多的则是一种对生命潜能的激发，从而催人奋进，最终创造出生命的奇迹。

立即动手，用感恩的心融化抱怨

生活中，不少职场人士可能会产生这样的疑问：为什么有的人在工作中总是能自动、自发、从不拖延，并且还能工作得如此快乐？而有的人却满怀抱怨、拖拖拉拉、一事无成？这一切源于是否有一颗感恩的心。如果你看到的总是工作中的烦恼、负担和压力，那么，你就会对其产生抵抗情绪，拖延心理也就随之产生，而如果你每天都能以愉悦感恩的心态去工作，就能在平凡的工作中，体味关爱与珍惜，学会耐心与细致，相处与沟通，理性与思考，就会发现工作给我们提供了启迪智慧的场所，历练能力和身体的机遇，也就能积极主动地工作，在高效率的工作中获得成就感，并最终收获成功与喜悦。

事实上，这个世界上让我们感到绝对满足的生活和工作都是不存在的，就如同这个世界上没有绝对完美的人和事一样，一旦在工作中遇到不满意就产生抱怨，而不是以一种积极的心态去解决问题，那么，这就等于拿石头砸自己的脚，于人于己于事都无。

微软最初是从两个好朋友创业开始的，发展到现在，已经成为拥有8万多员工的大企业。在公司中，盖茨的领导力发挥了重要的作用。独特的人格魅力，他所创造的积极勤奋的工作氛围，吸引了全球软件行业的顶尖人物纷至沓来。他们个性迥异，如果没有对盖茨的感恩、对工作的勤奋，那么微软在几十年的创业历程中时刻都有可能分崩离析。

微软公司内部早已营造出一种“工作第一，以公司为家”的气氛，当年盖茨本人对工作的狂热和勤奋也带动了员工的工作激情。大家都是没日没夜地干，甚至可以一连几天都不休息。人们也经常看到盖茨加班工作，与员工一起讨论公司的经营计划，并经常鼓励员工要突破障碍，努力进取。对表现出色的员工，盖茨也会给予高额的物质奖励，以及精神上的鼓励。这也让员工自身的价值得以体现，对微软和盖茨都充满了感恩之情。而这种感恩，又会带动员工的积极性和工作热情。面对困难时，一个员工可能难以解决，但是多个员工同心协力，困难就会很容易被攻破。

如今的盖茨已经辞职了，但他为微软创造的价值，以及为微软员工带来的影响，却是深远而意义非凡的。正是他站在员工的前面，为员工做榜样，才让更多的微软人找到了归属感，让员工真正体会到微软不只给员工发薪，还关注员工未来的发展，以及他们的家庭，从而使员工心怀感恩，更乐于勤奋工作。

的确，努力不仅是一种对待生活、工作、学习的态度，也是一种感恩的具体表现。一个人只有心怀感激，才能投入全部的激情面对生活、努力工作，这样，无论他遇到什么困难和压力，都能不断寻找解决的方法，赢得成功！

然而，我们却常常听到一些人抱怨道：“哎！每天都在重复这些工作，真是浪费生命！”“为什么每次都让我去处理这些事！”“什么时候才能给我涨点工资呢”……他们对工作似乎一点都也不满意，而实际上，抱怨对于事情的解决毫无益处，我们也无法逃避这些本职工作，拖延浪费的是我们自己的时间。

事实上，工作岗位为我们提供了广阔的发展空间，工作为我们提供了施展才华的平台。对于工作为我们带来的包括维持生计在内的所有一切，都要心存感激，并要通过努力工作来表达、来回报。

上班之前，可不必忙于烦琐的工作，先用几分钟想想，父母给了我们身体，但给了我们工作吗？是谁给了我们工作？是谁养活了我们？如果没有公司为我提供岗位，我的生活是否有今天这么美满和幸福？带着这样感恩的心工作，你才能找到立即行动的动力，才会燃起你的热情。

调整心情，做个不拖拉不抱怨的人

生活和工作中，也许一些人已认识到拖延的负面效应，也想要做个雷厉风行、执行力强的人，但他们会说，生活太艰辛了、工作压力太大了，看着没有希望的人生，最终还是选择了拖拖拉拉、得过且过。

的确，我们的生活中充满了各种各样的苦恼。家人身体不健康、工作不顺利、失恋、失业、求职碰壁等，所有这些烦心事都让人头疼无比。遇到这些事情的人，自然会抱怨自己比别人运气坏，比别人生活的糟糕。但用抱怨就能解决问题吗？很显然，答案是否定的。

古希腊先哲埃比提德曾经说过："骚扰我们的，是我们对事物的意识，而不是事物本身。"这句话就是要告诉人们。抱怨不能帮助你解决任何问题，还会为你带来很多莫名的苦恼。有句俗话叫做：兵来将挡、水来土掩。就是说，无论到了什么样的境地，遇到了什么困难，动手或动脑去解决才是最好的办法。

其实，我们若希望做一个执行力强的人，就要调整自己的心情，要调整心情，就需要我们转换思维。

从前有一位年轻人，他总是抱怨自己时运不济，空有一番才华却得不到施展的空间，日子过得也是穷困潦倒，并经常为此愁眉不展。有一天，他遇到了一位白胡子老人，老人看他眉头紧锁便问道："小伙子，你看起来很不快乐？"年轻人说道："我就不明白，为什么我的日子总也好不起来，这种穷苦的生活什么时候才是头呢？"老人立即反驳他说："穷？你怎么会说自己穷呢？我看你十分富有嘛！"年轻人很不解，问道："此话怎讲？"

老人笑了笑说道："假如我给你10000块钱，来换你的一根手指，你会换吗？"

“不换！”年轻人十分坚决地回答道。

老人继续问：“那如果我给你10万块钱，但条件是你的双眼必须失明，你愿意吗？”

“不愿意！”年轻人斩钉截铁地说道。

老人再次问道：“那假如现在让你马上变成80岁的样子，给你100万块钱，可以吗？”

“不可以！”年轻人再次断然拒绝。

白胡子老人笑了：“你看，你全身上下都是数不尽的财富，你怎么还说自己穷呢？”

年轻人愕然无语，突然间明白了一切。

看完这个故事，相信很多人都会若有所思，其实在我们的身边，像年轻人这样不知足的人不是有很多吗？明明自己已经拥有了很多，却还在抱怨得到的太少，自然也就无法体味生命的乐趣之所在。只要你是一个知足的人，那么你就永远不会贫穷。相反，那些贪婪之人看似拥有万千财富，实际却是一无所有的人。

身处烦心事之中，人的情绪容易激动。抱怨总是难免的，抱怨两句其实也没有什么大不了的。可以把抱怨看成是一种情绪的宣泄。但这种宣泄是需要度的，就像鲁迅先生笔下的祥林嫂，无论走到哪里，都把自己的伤口展示给别人看。人们本来是同情她的，后来都变成了厌烦。抱怨也是一样。一个人遇到了一些事情，总是不断地和身边的人抱怨。开始别人可能还会安慰你几句，但如果你只是不断地抱怨，却不想办法去解决麻烦，别人一样会远离你。

有人说，抱怨就是一种恶性循环。抱怨让人看不到希望，看不到幸福，看不到关爱。抱怨的人不仅会抱怨自己的遭遇，还会抱怨自己身边的人。长此以往，我们就容易变成一个爱抱怨、爱拖拉的人。

诚然，当下的你每天都会遇到一些让你烦心的事：这个月业绩不好被老板责怪，某次行业比赛中因为你的疏忽而影响整个团队的成绩，对此，你肯定很懊恼，但懊恼又有何用？不停地抱怨，不断地自责，只会将自己的心境弄得越来越糟、工作效率也会越来越低下，为何不从另外一个角度来思虑整件事呢?

比如，早上起床晚了，抱怨的人会想：“家里人为什么不叫我一声？真是不负责任！”不抱怨的人会想：“也许他们是想让我多睡一会儿。”

出门走路，与别人撞了一下，抱怨的人会想：“挺大个活人都看不见，长眼睛干什么的？”而不抱怨的人会想：“他肯定有什么急事儿，没看见，也怪我没注意。”

到了公司，同事对面走过来却对你视若无睹，抱怨的人会想：“他对我有意见？牛什么？我还懒得理他呢。”不抱怨的人可能想都不想，顶多会想：“他准是想着心事，没留神。”

你辛辛苦苦做完一件工作，满以为会得到上司的夸赞，但谁知道上司不哼不哈，连个高兴的脸色都不给，抱怨的人会想：“遇上这样的上司，活该我倒霉，一辈子都没有出头之日了。”不抱怨的人会想：“这本就是我分内的事。”

下班了，原本打算早点回家的你，却被临时通知要开会，抱怨的人会想：“下班都不让人回家，这是什么破公司？”不抱怨的人会想：“也许真有什么重要的事情。”

好不容易回到家，爱人还没回来做饭，抱怨的人会想：：“一天忙的臭死，却连顿现成饭都吃不上！”不抱怨的人会想：“今天有个一显身手的机会了，我要给家人一个惊喜。”

……

总之，如果你想成为充满正能量的人，想要做一个行动能力强的人，你就要学会看到生活中美好的一面，抱着知足的心，那么，你工作生活起来也会开心、满足、有滋有味。

与其抱怨环境，不如用行动来改变自己

我们都知道，在现实的生活中，抱怨是人们宣泄不良情绪的一种方式，抱怨可以让心中的不满稍微减轻一些。但很多人似乎理解错了抱怨的含义，它绝非人生主要的生存形式。更多的时候，我们在抱怨不满时，应该做适当地反省。为什么自己会有这样那样的不满？是不是因为自己做得不够好？这样抱怨也可以作为一个加速器，加速自己的成功。只要你能够通过抱怨看到自己的缺点，你就会进步。

事实上，聪明人懂得通过抱怨来反省自己，接纳生活。抱怨自己的人，会看到自己的缺点，然后努力改正；抱怨别人的人。可以将抱怨转化成请求；抱怨运气的人，不如继续向前，化抱怨为动力，幸运之神迟早会被你的努力打动。 抱怨其实是为了生活得更美好，为了督促自己更快地达到目标。抱怨其实就是为了不抱怨，只有不抱怨，淡然地接受一切，你才能收获幸福。

同样，处于某种环境下的人们，当你因为抱怨环境太糟糕而一味地拖延的时候，为何不选择通过立即行动来改变自己呢？在抱怨工作环境不好、薪水不高、老板不够和蔼时，为何不反思自己是否做的已经到位、是否有着高效的执行力呢？

我们先来看下面一个故事：

在美国的一所小学里，有这样一个班级，这个班级的学生比较特别，他们一共有26个人，都是失足的孩子，他们有的进过少管所，有的吸过毒，总之是让老师和家长失望透顶。

在这个班级成立后，一位叫菲拉的女老师接手了。在她给学生们上的第一节上，她并没有如人们想象的那样整顿班级纪律，而是在黑板上给孩子们出了一道选择题。让孩子们根据自己的判断选出一位在后来能够造福于人类的人。她列出3个候选人：

A. 笃信巫医，他有多年的吸烟史，嗜酒如命，还有两个情妇；

B. 有正经工作，但却不珍惜，每天睡到中午才起床，钟爱酒精，每天都

要喝一斤多的酒，还吸食过鸦片；

C. 曾有过辉煌的历史，是国家的战斗英雄，不吸烟喝酒、坚持食素，从不违法。

结果大家都选择C。

菲拉公布答案，A是富兰克林·罗斯福，连续担任过四届美国总统；B是温斯顿·丘吉尔，英国历史上最著名的首相；C是阿道夫·希特勒，法西斯恶魔。

孩子们看呆了，不明白为什么结果会是这样，接下来，菲拉满怀激情地告诉大家：

“孩子们，一个人，无论他的过去是荣誉还是耻辱，那只能代表过去，最重要的是他的现在和将来，只要你从现在开始决定做你想成为的人并为之努力，你就能成为一个了不起的人。”

菲拉的这番话，改变了这26个孩子一生的命运。其中，就有今天华尔街最年轻的基金经理人——罗伯特·哈里森！

的确，菲拉教师的话是正确的。过去的生活，不管如何辉煌和暗淡，都随着时光如流水般逝去。羁绊于过去，是很难洒脱地走向美好明天的。一个人，只有学会放下对环境的坏情绪，适应环境，才能有意识地改变自己，最终改变命运。

在现代企业里，总是有一些人对待工作抱有消极倦怠的态度，对待工作内容总是能拖就拖，问他为何不积极工作，他会反驳：“底层员工，就这么点薪水，没热情努力工作。”那么，既然如此，为何不努力工作、成为你羡慕的高层管理者？再比如，一些人抱怨自己经济能力差所以没有去找女朋友，那么为何不努力改善经济状况？其实，归根结底我们还是要记住一句话：你改变不了环境，但你可以改变自己；你改变不了事实，但你可以改变态度。

一个女儿向作厨师的父亲抱怨她的生活，抱怨事事都那么艰难。她的父亲把她带进厨房。他先烧开三锅的水，然后往一只锅里放些胡萝卜，第二只锅里放一只鸡蛋，最后一只锅里放入碾成粉末状的咖啡豆。他将它们浸入开水中煮，一句话也没有说。大约20分钟后，他把火闭了，把胡萝卜捞出来放入一个碗内，把鸡蛋捞出来放入另一个碗内，然后又把咖啡舀到一个杯子里。做完这些后，他才转过身问女儿，“孩子，你看见什么了？”

“胡萝卜、鸡蛋、咖啡”女儿回答。父亲让她靠近些并让她用手摸摸胡萝卜。她摸了摸，注意到它们变软了。父亲又让女儿拿一只鸡蛋并打破它。将壳剥掉后，她看到了是只煮熟的鸡蛋。最后，他让她喝了咖啡。品尝到香浓的咖啡，女儿笑了。她怯生问道：“父亲，这意味着什么？”

父亲解释说，这三样东西面临同样的逆境——煮沸的开水，但其反应各不相同。胡萝卜入锅之前是强壮的，结实的，毫不示弱；但进入开水之后，它变软了、变弱了。鸡蛋原来是易碎的，它薄薄的外壳保护着呈液体的内脏。但是经开水一煮，它的内脏变硬了。而粉状咖啡豆则很独特，进入沸水之后，它们倒改变了水。“哪个是你呢？”父亲问女儿，“当逆境找上门来时，你该如何反应？你是胡萝卜，是鸡蛋，还是咖啡豆？”

其实生活中我们的不也应该像故事中的鸡蛋一样吗？当我们身处困境中时，最应该做的就是改变自己适应它，并让自己逐渐强大起来。

总之，任何不满意现在的状态的人都必须要懂得：多改变自己，少埋怨环境。正如一句名言所说的“如果你认为你处在恶劣的环境中，那么请好好地修炼，练好内功，等待爆发的日子。”

战胜抱怨，不为拖延留机会

生活中，我们总能发现一些拖延者在乐此不疲地抱怨着，他们抱怨生活太艰辛、工作压力太大、房子太小、父母太唠叨等。其实，无论我们遇到的是什么样的境况，都需要明白，只有行动才能改变现状，相反，抱怨毫无益处。既然会这样，那又何必呢？

当然，我们要战胜抱怨，就要懂得控制自己的情绪。也许我们的工作不是自己喜欢的，也许我们辛苦劳作却得不到应有的报酬，也许我们的工作环境不够尽善尽美，也许有太多不如意的事情发生，但是如果我们能合理调节自己的心态，就不会终日抱怨他人、牢骚满腹，因为抱怨不会解决问题，只会伤害自己、伤害别人，更会浪费时间和生命。

王明是一位留美的计算机博士，毕业之后，他打算在美国找工作。拿着自己的各个证书，以及一些在学校所获得的奖章，四处奔波找工作。可是，两三个月过去了，他还是没有找到合适的工作，因为几乎他所选择的公司都没有录用他，而那些愿意录用他的公司却又是自己瞧不上的。他没有想到，自己堂堂一个博士生，居然沦落到高不成低不就的尴尬处境。思前想后，他决定收起自己所有的证书与奖章，以一种最低的身份前去求职。

没过多久，他就被一家公司录用为程序输入员，这份工作相当简单，对一个博士生来说简直就是大材小用。但王明并没有抱怨什么，即使是最简单的工作，他依然干得一丝不苟。这样干了一个多月，上司发现他能迅速看到程序中的错误，这可是非一般的程序输入员相比的，这时候，王明向上司亮出了学士证，上司知道了他的能力，马上给他换了一个与大学毕业生相对的专业。又过了一个月，上司发现他经常能够提出一些独到的有价值的见解，远远比一般大学生要高明。这个时候，王明又亮出了硕士证，上司又立即提升了他的职位。再过一个月，上司觉得他还是跟别人不一样，就开始有意识地质询他，这时候，王明才拿出了自己的博士证，上司对他的能力有了全面的认识，毫不犹豫地重用了他。

当王明陷入了找工作的困境时，他放弃了自己的所有证书，以一个最普通的人去应聘，并获得了一份工作。我们可以想象，一个有着博士学历的人，委身于一个普通的职位，那该是怎样的隐忍。但王明忍耐了下来，他在等待机会，终于，老板开始发现他深藏不露的能力，渐渐地重用他，最终他获得了自己应有的位置和价值。

当一个人受到了不公正的待遇时，自然会感到委屈，也就会产生抱怨的情绪，这再正常不过，适度的抱怨也是一种舒缓内心不满的一种方法，但如果我们开始变得怨天尤人，把周围的每个人都当成我们抱怨的对象的时候，你是否想过，其实，问题真的在你身上？

许多人之所以不能获得成功、工作效率低下，很大的一个原因就是抱怨。因为他们总是从外界找原因，而不是从自己身上找原因，不管他们的学历有多高或者能力有多强，终究不能赢得领导的重用和信任。

那么，面对生活中的烦心事，你可以这样做：

1. 逆向思维比较法

举个很简单的例子，你是一个普通人家的女孩，可能穿不起名牌、吃不起山珍海味，上下学也没有司机接送，但反过来，每天回家，你都能吃上疼爱你的母亲亲手做的饭，而不是冷冰冰的房间，这不也是一种幸福吗？这次考试你失利了，你可能会难受，但你却从考试中找到了自己学有不足的地方，你还有很大的进步空间，这不也是一种幸运吗？

2. 把一切交给时间

时间是淡化、忘却烦恼和痛苦的最好方法。比如，如果你被老师当众批评了，面子过不去，心里难以承受，不妨试想一下，三天后，一星期后甚至一个月后，谁还会把这件事当回事，何不提前享用时间的益处呢？

3. 善于调整期望值

人们对新环境的适应性差，大都与其事先对新环境的期望值定得过高、不切实际有关，当你按照这个过高的目标来执行而最终落空时，难免会产生失落感，就会感到事事不如意、不顺心，必然影响情绪。

4. 主动适应客观现实

当自己对新环境不习惯的时候，最好不要首先埋怨客观原因，而应从主观方面想一想，看一看自己的认识、态度和方式是否有需要改进的地方，进而自觉地从自身做起，改变自己的旧习惯旧做法，努力去适应环境的要求。

总之，一味地沉浸在抱怨中，只会将自己的心情弄得越来越糟，让自己放慢做事的进度，因此，你若希望成为一个高效的执行者，就必须暂停抱怨。

第8章
消除惰性的心理策略：惰性往往在拖延中滋生

我们都已经认识到，在工作中，做事拖拉是一种不负责任的行为，但却很少有人意识或承认，正是因为拖延而导致了人们在工作中产生了惰性。一些人总是在拖延时间，然而，这只是一种自欺欺人的表现，我们的本职工作，始终要由我们自身去完成。实际上，任何一个人，只要能克服惰性，他的人生已经成功一半了。虽然惰性是人的天性，但我们要消除惰性，有时只需要一个念头即可，一旦赶走懒惰，便能主宰自己的人生，提高自己的人生质量。

懒惰只会空耗我们的时间和生命

古人云："业精于勤，荒于嬉；行成于思，毁于惰。"这句话告诉我们：学业由于勤奋而精通，但它却荒废在嬉笑声中，事情由于反复思考而成功，但他却毁灭于随随便便。任何人，即使是天才，如果不克服懒惰、做事拖延，最终也会变成一个懒汉。

当今社会，我们已经认识到时间的重要性，人的一生，短短几十载，生命是有限的。如果我们浪费时间，工作和生活中总是拖拖拉拉，那么，最终只能白白浪费生命，而做假如我们能充分利用自己的时间和精力，勤奋做事，那么，我们绝对可以做出更有价值的事情来。

懒惰总是和拖延狼狈为奸。有人甚至给那些懒惰的人下定义为：把不愉快或成为负担的事情抛掷脑后，或推迟做。

生活中的你如果是一个懒惰的人，那你大部分时候都在浪费时间，无所事事。即便是做一件事情，也是担心这个担心那个，或者找借口推迟行动，结果往往错失了机会和灵感，到最后，你只能去羡慕那些因为勤奋而获得财富者。

拖沓、懒散的生活和工作态度，对许多人来说已经是一种常态，要想有所成就，我们就应该忍耐惰性，努力让自己变得勤勉起来。

莫泊桑是19世纪法国著名作家。他从小酷爱写作，孜孜不倦地写下了许多作品，但这些作品都是平平常常的，没有什么特色。莫泊桑焦急万分，于是，他去拜法国文学大师福楼拜为师。

一天，莫泊桑带着自己写的文章，去请福楼拜指导。他坦白地说："老师，我已经读了很多书，为什么写出来的文章总感到不生动呢？"

"这个问题很简单，是你的功夫还不到家。"福楼拜直截了当地说。

"那——怎样才能使功夫到家呢？"莫泊桑急切地问。

"这就要肯吃苦，勤练习。你家门前不是天天都有马车经过吗？你就站在门口，把每天看到的情况，都详详细细地记录下来，而且要长期记下去。"

第二天，莫泊桑真的站在家门口，看了一天大街上来来往往的马车，可是一无所获。接着，他又连续看了两天，还是没有发现什么。万般无奈，莫泊桑只得再次来到老师家。他一进门就说："我按照您的教导，看了几天马车，没看出什么特殊的东西，那么单调，没有什么好写的。"

"不，不不！怎么能说没什么东西好写哟？那富丽堂皇的马，跟装饰简陋的马车是一样的走法吗？烈日炎炎下的马车是怎样走的？狂风暴雨中的马车是怎样走的？马车上坡时，马怎样用力？车下坡时，赶车人怎样吆喝？他的表情是什么样的？这些你都能写得清楚吗？"福楼拜滔滔不绝地说着，一个接一个的问题，都在莫泊桑的脑海中打下了深深的烙印。

从此，莫泊桑天天在大门口，全神贯注地观察过往的马车，从中获得了丰富的材料，写了一些作品。于是，他再一次去请福楼拜指导。

福楼拜认真地看了几篇，脸上露出了微笑，说："这些作品，表明你有了进步。但青年人贵在坚持，才气就是坚持写作的结果。"福楼拜继续说，"写东西，光仔细观察还不够，还要能发现别人没有发现和没有写过的特点。如你要描写一堆篝火或一株绿树，就要努力去发现它们和其他的篝火、树木不同的地方。”莫泊桑专心地听着，老师的话给了他很大的启发。福楼拜喝了一口咖啡，又接着说：“你发现了这些特点，就要善于把它们写下来。今后，当你走进一个工厂的时候，就描写这个厂的守门人，用画家的那种手法把守门人的身材、姿态、面貌、衣着及全部精神、本质都表现出来，让我看了以后，不至于把他同农民、马车夫或其他任何守门人混同起来。”

莫泊桑把老师的话牢牢记在心头，更加勤奋努力。他仔细观察，用心揣摩，积累了许多素材，终于写出了不少有影响的世界名著。

从莫泊桑拜师这个故事中，年轻人应当有所领悟，功到自然成，成功之前难免有失败，难免有很多不足，但是只要能克服困难，坚持不懈地努力，那么，成功就在眼前。

懒惰体现在两个方面，懒惰的思维和懒惰的行为，可以说，懒惰不仅是一个人成功的大敌，而且，它还是我们不良情绪的源头。在充满困难与挫折的人生道路上，懒惰的人过着极为单调的生活，只习惯于等、靠、要，从来不想发现、拼搏、创造，最终，他们不仅错过了多姿多彩的生活，而且将一事无成。

总之，一个人成就的大小取决于他做事情的习惯，忍耐惰性是做事情的一个重要技巧。我们要想完成既定目标，取得成功，就应该培养勤勉的习惯。一旦养成了这个习惯，“完成目标，马上行动”就会成为一件自然而然的事情。

抵制负面情绪侵蚀工作热情

现实生活中，相信大部分人在刚踏入职场时都怀揣梦想，希望可以大展拳脚，但现实的状况可能是，面对每天都必须做的重复的工作，他们已经失去热情，甚至开始抱怨，工作拖拉，但却拒绝作出改变。如果你问他们，为什么不干脆辞职，或者要求调任，或者做点什么来改变这种局面，他们总是有各种各样的借口：我要还贷款；我的家人不允许我这么做；我对这份工作已经习惯了；也许没有更好的地方了；我的工资很高，我舍不得放弃这份高薪工作；我没有其他方面的技能；我只会做这个；等等。而这些，都是对工作不热爱的表现，以这样的状态，你会发现，工作是枯燥的，工作效率也是低下的。事实上，无论你从事哪行，热情都是你成功的动力。蒂夫·鲍尔默说：“我想让所有的人和我一起分享我对我们的产品与服务的激情，我想让所有的员工分享我对微软的激情。”卡耐基说：“除非喜欢自己所做的工作，否则永远无法成功。”

成功始于源源不断的工作热忱，你只有热爱你的工作，才会珍惜时间，把握每一个机会，调动所有的力量去争取出类拔萃的成绩。可见，对于工作，“热爱”才是最大的动机，只要热爱，就会产生意愿、努力、成功。

因此，身处职场，如果你发现你的工作热情已经在退却，那么，请开始热爱你的工作吧，你会自然而然地产生积极性、作出努力，并能在最短时间内进步。在别人看来是千辛万苦，而本人却当作乐趣。

在我们梦寐以求的微软公司，曾有一个临时清洁女工升职成正式职工的故事。

她是办公楼里临时雇用的清洁女工，在整个办公大楼里，有好几百名雇员，但她的工资最低、学历最低甚至几乎没有什么学历、工作量最大，而她却是最快乐的人！

每一天，她来得最早，然后面带微笑，开始工作，对任何人的要求，哪怕不是自己工作范围之内的，也都愉快并努力地跑去帮忙。周围的同事都被她感染了，有很多人成了她的好朋友，甚至包括那些被大家公认为冷漠的人，没有人在意她的工作性质和地位。她的热情就像一团火焰，慢慢地整个办公楼都在她的影响下快乐起来。

盖茨很惊异，就忍不住问她：“能否告诉我，是什么让您如此开心地面对每一天呢？”“因为我热爱这份工作！”女清洁工自豪地说，“我没有什么知识，我很感激企业能给我这份工作，让我有不菲的收入，足够支持我的女儿读完大学。而我对这美好现实唯一可以回报的，就是尽一切可能把工作做好，一想到这些，我就非常开心。”

盖茨被女清洁工那种热爱工作的态度深深地打动了：“那么，您有没有兴趣成为我们当中正式的一员呢？我想你是微软最需要的。”“当然，那可是我最大的梦想啊！”女清洁工睁大眼睛说道。

此后，她开始用工作的闲暇时间学习计算机知识，而企业里的任何人都乐意帮助她，几个月以后，她真的成了微软的一名正式雇员。

生活中的你，也应该和这位女工一样热爱工作，把工作当成一门学问去研究，当成事业奋斗的理想目标，并努力向上攀登。每一份平凡的工作都是你获取新知识、新经验的来源。

可能你会说，你是在为别人打工，再怎么热爱也不会成功，实际上，每个成功者都经历过打工的过程，但对工作的不同态度造就了不同的结果。如果你能抱着以学习经验的态度对待现在的工作，那么，工作所能带给你的，要远比工资带给你的多得多。因为每一项工作中都包含着许多个人成长的机会。而那些因为薪水低而对工作敷衍塞责、当一天和尚撞一天钟的人，固然对公司、老板是一种损害，但长此以往，无异于降低自己的价值，使自己的生命枯萎，将自己的希望断送，使自己维持在一种低档次的生活水平上，过着一种庸庸碌碌、牢骚不断的生活，并因此而埋没了自己的才能，湮没了生命应该有的那种创造力。

同时，每个公司都需要这样热爱自己工作的人。如果你为自己还是平凡岗位的一员而抱怨的话，请调整自己对工作的态度，如果你从现在开始热爱你的工作，不论多平凡的岗位，你都会有不俗的成绩。

所以，对一个想要成就一番事业的人来说，老板支付给你的只是薪水，但你一定要在工作中，赋予它更多的价值，你要在工作中支付给自己更多的东西。

如果你投入百分之百的热情、努力工作，那么，你就会发现，你的工作能力逐步提高了，你会为此兴奋不已，同时，你努力工作也会得到更多的物质回报——你的薪水在不知不觉间得到了提升。因为你的努力，老板都看在了眼里，你的努力也为公司带来了更好的业绩，老板就会因为你的工作态度和工作成绩而奖励你。

因此，热爱你的工作吧！一个人所从事的工作，是他获得幸福的源泉，也是他的理想所在，更是他对待人生态度的体现。工作将填满你的大部分人生，唯一能获得真正满足的方法就是——做你相信是伟大的工作，而伟大的工作是你所热爱的事业。我们可以从工作中释放自己的热情、能量、智慧，并获取一份快乐，一份成功！

职场机遇钟情于勤奋不拖延的人

我们都知道，世界上没有一件有价值的东西可以不通过辛勤劳动而获得，不吝惜自己汗水的人，也必将会有丰厚的收获。一个成功者的成功之处就在于他总是比别人多付出一些，比别人多向前迈进一步。

身处职场的你，可能现在薪水不薄、工作稳定，但如果你希望在职场取得一定的成就，就不能就此停滞不前，激烈的竞争要求你需要不断进步，而求知与不满足是进步的第一必需品。要知道，任何时候，职场也总是垂青那些勤奋不拖延的人。

一位自考毕业的男孩去应聘一家外贸公司经理秘书。但是，公司却给他安排了一个行政部文员的职位。男孩想了一下，觉得只要自己耐心做好文员的工作，一样很好。于是，他就答应了。男孩的工作是负责接待客人和复印、打印等琐事。同事们总是把一些需要复印和打印的文件一股脑儿堆在男孩的桌子上，然后告诉他哪些需要复印、哪些需要打印、每种各需要多少份。男孩总是耐心地记录着各种要求，然后仔细地做。

有好几次，男孩的认真检查避免了公司的损失。因此，男孩真的被提拔为经理秘书了。

他是这样对人说的："工作虽然简单，但是只要有超凡的耐心和细心，就会取得成功。"工作中的你倘若也能如此，具备这样的忍耐力，你也能在平淡中积聚实力，最终实现自己人生的腾飞。正如一句名言所说："一个人如果想要获得成功，就必须付出与之相应的自我牺牲。如果期望的是较大的成功，就需要付出较大的自我牺牲，如果还想取得更大的成功，那就意味着更大的自我牺牲。”

另外，一个人要想获得人生的幸福，那么每一天都应该勤奋工作。付出不亚于任何人的努力是一个长期的过程，只要坚持就一定能够获得不可思议的成就。事实证明，任何一个取得成功的人，都是因为他付出了超乎常人的努力。

当我们观察成功人士的环境时，会发现他们的背景各不相同。那些大公司的经理、著名的传教士、政府高级官员以及各行业的知名人士可能来自贫寒、破碎家庭、偏僻的乡村甚至于贫民窟。这些人的成功无不是源于努力，并且是超乎常人的努力。

全世界最早的现代成功学大师和励志书籍作家、曾经影响美国两任总统及千百万读者的拿破仑·希尔深知成功就是一连串的奋斗。对此他特意讲了一个故事：

“我最要好的朋友是个非常有名的管理顾问。一走进他的办公室，马上就会觉得自己‘高高在上’似的。办公室内各种豪华的摆设、考究的地毯、忙进忙出的人潮以及知名的顾客名单都在告诉你，他的公司的确成就非凡。但是，就在这家鼎鼎有名的公司背后，藏着无数的辛酸血泪。他创业之初的头六个月就把十年的积蓄用得一干二净，一连几个月都以办公室为家，因为他付不起房租。他也婉拒过无数的好工作，因为他坚持自己的理想。他也被顾客拒绝过上百次，拒绝他的和欢迎他的客户几乎一样多。就在整整七年的艰苦挣扎中，我没有听他说过一句怨言，他反而说：‘我还在学习啊。这是一种无形的，捉摸不定的生意，竞争很激烈，实在不好做。但不管怎样我还是要继续学下去。’他真的做到了，而且做得轰轰烈烈。我有一次问他：‘把你折磨得疲惫不堪了吧？’他却说；‘没有啊！我并不觉得那很辛苦，反而觉得是受用无穷的经验。’看看‘美国名人榜’的生平就知道，这些功业彪炳千秋的伟人都受过一连串的无情打击。只是因为他们都坚持到底，才终于获得辉煌成果。”

拿破仑·希尔正是希望通过这个故事，告诉人们，天下没有不劳而获的事，成功需要一连串的奋斗，如果我们能够不忘时刻积累经验、总结教训，做到不断学习的话，那么，即使失败，你也可更上一层楼，终有一日可以实现你的理想。

可见，我们一定要形成勤奋努力、不拖延、勤勤恳恳的做事习惯，因为只有努力奋斗才会充实你的人生，这就是你的人生不断增值的砝码。

总之，身处职场的我们，必须要记住，要想得到机遇，想要在职场做出成绩的话就要秉持着今天要比昨天好、明天还要比今天进步的态度，每天实实在在去努力。我们工作的目的之一就是实现自身的价值，而这不就存在于那努力不懈的付出、脚踏实地的行动，以及兢兢业业的求道中吗？只有对手头的每一样工作都“异常认真”，做到不拖延、不马虎，这种看似傻的工作态度，如果能长期坚持下去，必当能在职场实现你的卓越人生。

做点分外事，其实不吃亏

生活中，你是不是经常遇到这样的情况，上班时间，突然来了一个老板的快递但老板不在，签还是不签？朋友最近经济状况出了点问题，他并没有找你借钱，你帮还是不帮？看到会议室的材料掉在地上，你是捡还是不捡？诸如此类的分外事随时都有可能发生，你是做还是不做？

可能很多人会这样回答：当然不做，既然是分外事，何必多此一举。的确，在我们工作的周围，一些懒惰的人不仅表现出对自己的工作拖拉马虎，他们更十分“聪明”，害怕多做任何一点额外的工作。但事实告诉我们，那些被老板提拔的人都有个共同的特点：他们对工作始终充满着春天般的热情，只要有闲暇时间，不会对别人说“不”，那些人缘好、处处受欢迎的人，总是对他人仗义相助；那些成功人士，都因为机缘巧合遇贵人相助。其实，无论是在职场还是在整个人际关系中，多做些事，都不吃亏，因为你可能会因此得到额外的收获。

我们先来看下面一个财富故事：

曾经有一个年轻人，他在一家小旅馆当服务员，一直勤勤恳恳地工作。

这天晚上，一对老夫妇来开房间，但旅馆房间已经没有了，这下，老夫妇犯难了，因为他们真的没有地方去了。怎么办呢？

年轻人很爽快地说，让老夫妇睡自己的房间，正好自己要值班，然后，他将自己房间的床单和被褥都换了，他自己则趴在柜台上睡了一夜。

第二天，老夫妇看到这种情景很感动，认为这个青年人很善良。他绝对没有想到这对老夫妇就是希尔顿饭店的老板，而且没有子女，于是他做了希尔顿家族的接班人。

这名年轻人居然能从一名旅店服务员跻身于上流社会，与这位老夫妇的带领和引荐不无关系，当然，这是机缘巧合。但却告诉我们一个道理，职场工作，我们若想得到“分外”的回报，就不要总是置身事外，就要多做一些“分外”事。

不少人都认为做额外的事会吃亏，也没有多做事的意识，殊不知，作为一名员工，只要是与企业利益相关的，无论是分内还是分外的事，都应该尽力做好。

事实上，聪明的职场人，从不介意多做事，因为他们深知为他人、为企业多做一些事，有时候只是举手之劳，并且，还能为自己赢得更多的支持。当然，某些情况下，我们简单的一句慰问和关心的话语都能有此效用。

陈婷婷是一家大公司的小主管，负责采购的一些小事宜，有一次，公司采购部的车出了问题，而刚好总经理专用车司机刘师傅的轿车停在附近，出于方便，刘师傅准备载她一程，于是她第一次坐刘师傅开的轿车。当时正值上下班高峰时间，路上交通拥挤，而陈婷婷还赶时间，刘师傅也着急的不得了。这时，陈婷婷开口安慰刘师傅道：“刘师傅，这么多年，你每天都要在这样的交通状况下负责经理的出行，真是很辛苦啊。”想不到这句衷心的关心之语，使刘师傅非常高兴。因为他已经做经理司机十年了，十年来，连经理都没跟他说过一句：“辛苦了。”刘师傅感动得不得了。后来，刘师傅对当时的情景还念念不忘，在私下里经常主动帮陈婷婷的忙，再后来陈婷婷升到采购部经理的时候，他还时常地夸奖陈婷婷，说总经理体恤下属、慧眼识英才等。

故事中的陈婷婷，之所以会与刘师傅结下良好的关系，就在于其简单的一句关心的话："辛苦了。"生活中，我们每个人都在为自己的工作忙碌着、辛苦着，我们都希望自己能得到他人的理解、肯定和关心，如果有人能对我们说出"辛苦了"三个字的时候，我们一般都会心生感激。

当然，我们在职场多做事并不是为了达到获得他人支持的目的，这只是一种负责任的工作态度，只有你有这一意识，并化为行动，才能成就好的工作效率、积极的工作热情和拼搏的进取心，同样，你也会因此而获得更好的职场前景。

因此，即使你只是一名公司的最基层员工，当你接到一项并不属于你职责范围内或者你并不喜欢的工作时，无需抱怨，更不要心理失衡，你应该欣然接受并努力完成，在做事的过程中，你能积累到他人没有的经验，并获取知识，最终会成为企业岗位上重要的人才，你也会实现你的价值。所以说，我们多做一些事并不吃亏，因为企业最需要的也是这样不怕吃亏的员工。

与勤奋者为伍，远离那些懒散的同事

有人说，人就像一个磁场，无论什么样的人都会像磁场一样影响别人，就像积极阳光的人会让你豁然开朗，开心豁达的人让你心情舒畅，积极的人给予你积极的影响，消极的人给你消极的影响。有句谚语叫作：跟着好人学好人，跟着师婆跳假神。

西方有句名言："与优秀者为伍。""积极的人像太阳，照到哪里哪里亮；消极的人像月亮，初一十五不一样。"和什么样的人在一起，就会有什么样的人生。和勤奋的人在一起，你不会懒惰；和积极的人在一起，你不会消沉。

因此，如果你对自己的自控力不自信、认为自己可能被那些懒惰的同事影响的话，那么，你最好远离他们，否则，你很有可能被他们传染而成为一名真正的拖延者。

相信我们都听过这样一个故事：

有一天，一个生物学家经过一家农场，看见鸡舍里的鸡群中有一只老鹰，于是就问农场的主人，为什么鸟中之王会落魄到这般与鸡为伍的地步。农场主说："因为我一直喂它鸡饲料，把它训练成了一只鸡，所以它一直都不想飞，它的一举一动根本就是只鸡，而且根本不以为自己是一只老鹰了。"

生物学家说："不过，它到底还是一只老鹰，应该一教就会的。"

经过一番讨论后，两个人终于同意试试看是否可行。生物学家轻轻地把老鹰放在手臂上，然后说："你属于蓝天而不是大地，张开翅膀飞翔吧！"可是，那只老鹰有些疑惑，因为它不知道自己是谁。然后，它看到鸡群在地上啄食，于是又跳下去与它们做伴了。

生物学家不死心，又把老鹰放到屋顶上怂恿它飞，他说："你是一只老鹰，张开翅膀飞翔吧！"可是老鹰对自己的不明身份和这个陌生的世界感到恐惧，于是又跳到地上觅食去了。

我们不得不为故事中的老鹰感到悲哀，原本他有着鹰的特质，却因为长期和温顺的小鸡待在一起，而失去了飞翔的本领。其实，现实生活中的人们何尝不是如此呢？原本他们很优秀，由于周围那些消极的人影响了他，使他你缺乏向上的压力，丧失前进的动力而变得俗不可耐，最终变得如此平庸。

科学家研究认为："人是唯一能接受暗示的动物。"积极的暗示，会对人的情绪和生理状态产生良好的影响。激发人的内在潜能，发挥人的超常水平，使人进取、催人奋进。

身处职场，你是否有这样的感受：每次当你准备努力工作时，你的某个同事总是走过来找你聊；每当你准备赶完工作再下班时，他总是怂恿你明天再做；他们总是在你眼前晃来晃去，你根本无心工作，对于这样的同事，你怎么办？向上司打小报告吗？

这样无济于事，其实最好的方法就是远离他们，不让他们影响到你。

就算他们有别的长处，但毫无疑问，至少懒惰和拖延这一毛病就足以影响到你，甚至成为你人生经历中的毒药。事实上，工作中懒惰、做事拖拉的人，几乎不会在职场有好的前景。

为此，你最好做到：

1. 不要因为他们而影响心态

那些懒惰的同事可能让你很生气，但绝不要花时间抱怨，因为正和其他同事讨厌懒惰的人一样，人们也讨厌牢骚满腹的人。

2. 集中注意力，别被他们打扰

也许坐在你旁边格子间的同事总是在打游戏或者手机聊天，甚至上网看电视等，但无论他做什么，请不要留意他们、集中注意力工作吧。

3. 不要向上司打他的小报告

可能你在和某个同事一起进行某项工作，但他确实是个懒惰的人，迟迟不动手，你的工作需要他的配合，此时怎么办？向老板打小报告吗？告诉老板他是个懒惰的员工？当然不能，你会因此成为老板眼中的小人，会成为同事眼中的马屁精，不妨这样向老板开口吧：“暂时这个项目我没法取得进展了，因为我在等约翰完成他那个部分。”很平淡的一句话，让老板了解了实情，也不会有打小报告之嫌。

4. 不要事事替他们代劳

千万别以为什么事都能揽下。这些懒惰的同事，他们总是在办公室寻找能替他们工作的人，如果你做老好人，那么，最终你会不堪重负。

生活中最不幸的是：由于你身边缺乏积极进取和远见卓识的人，使你的人生变得平平庸庸，黯然失色。因此，职场中，如果你想提升自己的价值、想高效率地工作，那么，就远离那些懒惰的人吧。他们会在不知不觉中偷走你的梦想，使你渐渐颓废，变得平庸。当然，你还可以向那些勤奋努力的人靠近，因为你可以从强者身上学习如何变得更强。哪怕这样会让你自惭形秽，但是你得到更多的，则是来自他们的宝贵经验，来自榜样的无穷激励。

放下三分钟热度，多点专注力

生活中，大概每个人都有这样的经历：我们买好了很多种食材，准备熬一锅鲜美的汤，然而，熬一锅汤往往需要好几个小时。这期间，我们因为耐不住寂寞，而提前结束了熬汤的过程。很明显，这锅汤是欠火候的，我们为此悔不当初。其实，何止是熬汤呢？我们做很多事的时候，都会因为克服不了浮躁之气而最终失败。艾森豪威尔说："在这个世界，没有什么比'坚持'对成功的意义更大。"的确，世界上的事情就是这样，成功需要坚持。雄伟壮观的金字塔的建成正因为它凝结了无数人的汗水；一个运动员要想取得冠军，必须要坚持到最后，冲刺到最后一瞬。如果有丝毫松懈，你就会前功尽弃，因为裁判员并不以运动员起跑时的速度来判定他的成绩和名次。

现实生活中有不少人，无论是工作还是学习甚至是在个人的兴趣爱好上，通常都有一个缺点，那就是三分钟热度，一个主要内在原因就是惰性，他们的注意力很容易被其他事影响，而这，正是很多人始终不能有所成就的原因。

伊格诺蒂乌斯·劳拉也有一句名言："一次做好一件事情的人比同时涉猎多个领域的人要好得多。"托马斯·爱迪生曾说过："成功中天分所占的比例不过只有1%，剩下的99%都是勤奋和汗水。"的确，在太多的领域内都付出努力，我们就难免会分散精力，阻碍进步，最终一无所成。也就是说，我们只有专心致志于一行一业，不腻烦、不焦躁，埋头苦干，不屈服于任何困难，坚持不懈，才能有所成就。只要你坚持这样做，就能造就优秀的人格。

在美军历史上，艾森豪威尔是一个充满戏剧性的传奇人物。

美军历史上，获得五星上将的人一共有10名，而艾森豪威尔是所花时间最少的一个人——4年，被称为"第一快"，与之相比，马歇尔花了20年，麦克阿瑟花了16年，布莱德雷用了9年，阿诺德用了12年！艾森豪威尔之所以会取得如此大成就，源于其坚持的品质。

年轻的时候，有一次晚饭后，他和家人一起玩纸牌，连续几次，他的牌都很差，他开始抱怨自己的牌运。这被在干家务活的妈妈听见了，她走过来，对儿子说："如果你真要玩牌，就必须用你手中的牌玩下去，不管那些牌怎样，都要坚持到底！"

听完母亲的话，他有点不明白，母亲又说道："其实，人生也是这样啊，无论上帝给了我们怎样的牌，我们都必须拿好，并打好每一张牌，坚持到底，就能看到好的效果。"

很多年后，艾森豪威尔一直牢记着母亲的这番教导，从来没有抱怨过命运。相反，他总是以积极、乐观的态度，以坚持不懈的意志去迎接命运的挑战，竭尽全力做好每一件事情。

艾森豪威尔的故事也告诉所有年轻人，无论做什么事都要踏踏实实，一步一个脚印，持续和努力会为你带来意想不到的收获。

相反，那些对奋斗目标用心不专、左右摇摆的人，对琐碎的工作总是寻找遁辞，懈怠逃避，他们注定是要失败的。如果我们把所从事的工作当作不可回避的事情来看待，我们就会带着轻松愉快的心情，迅速地将它完成。瑞典的查尔斯九世在他年轻的时候，就对意志的力量抱有坚定的信念。每每遇到难办的事情，他总是摸着小儿子的头，大声说："应该让他去做，应该让他去做。"和其他习惯的形成一样，随着时间的流逝，勤勉用功的习惯也很容易养成。因此，即使是一个才华一般的人，只要他在某一特定的时间内，全身心地投入和不屈不挠地从事某一项工作，他也会取得巨大的成就。

那么，具体来说，我们该如何提升自己的专注力呢?

1. 一次只做一件事

如果你决定了做一件事，那么，你就要做到专注，然后，你需要问自己："在这些要做的事情中间，哪件事最重要？"选出那件最棘手的事，然后保证自己在接下来一段时间内只专注于它。

2. 排除干扰

在你准备做一件事时，请收拾好你的书桌，关闭手机，关闭电脑的浏览器等，避免那些容易使你分心的事，你的学习和工作效率会提高很多。

3. 动机

明确你办事的动机会有助于加强你的专注力，并且能让你完成任务。要知道你为什么要去专注于某事，而且要清楚如果你不专注于此事会有什么样的后果。

此外，你可以想象一下假如你朝着一个方向前进的话，你的生活将会是什么样子的。想象一下你理想中的生活。让它清晰可见并让它时刻浮现在你脑海中。

4. 深呼吸

当你开始新的一天时，问自己一个问题："我在呼吸吗?"然后做几次深呼吸。问你自己："我现在感觉放松吗?"如果你的回答是："不太放松"，那么先什么也不要做，然后深呼吸。

5. 享受当下

当下是我们所拥有的一切，生活只存在于当下。珍视它，祝福它，感激它，体验它。不论你在做什么，充实地生活……

总之，在对有价值目标的追求中，坚忍不拔的决心是一切真正伟大品格的基础。充沛的精力会让人有能力克服艰难险阻，完成单调乏味的工作，忍受其中琐碎而又枯燥的细节，从而使他顺利通过人生的每一驿站。

第9章
拒绝完美的心理策略：终结完美主义者的拖延症

在我们的生活和工作中，总有这样一类人，他们对人对事都要求绝对的完美，在做事之前，他们会思虑再三，确保毫无瑕疵才会实施，此时，他们已经浪费了行动的最佳时机。而一旦有什么事没做到位，便内心焦躁、寝食难安，陷入糟糕的情绪中。这种人就是我们常说的完美主义者。做事认真、仔细固然是好事，但是过于苛求，则明显会降低做事效率，甚至让你成为拖延症一族。为此，请记住：不要等到什么事都完美以后才去做，如果你一定要等到万事俱备的时候才动手，那么，你只能永远拖延下去了。还有一点，生活和工作中对待他人和自己都宽容些，你不必追求绝对的完美，因为绝对的完美根本不存在。

追求细枝末节上的完美只会耗费过多时间

我们都知道，认真是做好一件事情的前提，如果对什么事情都敷衍了事，草草出兵，草草收兵，必然做不好。精益求精、追求完美，这是一种进步的表现，如果人们都懒懒散散、满足于现状，那我们将会止步不前。因此，可以说，追求完美并没有什么不好，相反，很多时候，它对我们的能力、知识、经验等方面都大有益处。我们发现，任何一家企业，都强调员工一定要严格要求自己。然而，凡事都有个度，追求完美到了一定的地步就变成了吹毛求疵。而且，从做事效能的角度看，一个人过多地把精力放到了细枝末节上，必定会耗费时间，长此以往，我们就会变得行动缓慢。

在我们的身边，总有这样一些人。如果一件事情没有做到自己满意的程度，那么必定是坐立不安，很不舒服。打个简单的比方，为了确保无误，一份财务报表他会核对几遍甚至几十遍；与客户谈好生意，为了保证客户对产品满意，总是不停地打电话追问；明明能在电话里或邮件中解决的问题，非要面谈；出门前，为了能让自己看上去更精神，会花一小时去挑选衣服……什么事情都有个度，追求完美超过了这个度，就会降低我们的做事效能，毕竟每天只有24个小时，在一件事上消耗过多的精力，也就无法完成工作计划。

琴琴是某家公司新聘请的文员，她一直是个追求完美的人。无论上司交给她什么任务，她都努力做好。

有一天，她的女上司说："这份资料是急着用的，你把它分成两份，各打印200份。"

于是，她开始了自己的工作，而在打印中，她发现，居然有很多错别字，于是，她耐心地把这些错别字改正了，她原以为上司会夸奖她，但事实上，她却因为没按时把资料交上而挨了上司的骂，而最重要的是，那些在她看来是问题的错别字，却是公司的一些专业术语，改过后的正确的字自然也改变了原本意思，为此，她闹了个大笑话……

看完这个故事，你想到了什么呢？女员工琴琴为什么会闹出这样的笑话？因为她太苛求细节了，重视细节固然是好事，是一个人负责任的表现，但过分苛求细节有时却是好心办坏事。而且，在你看来的完美在别人眼里却不一定很完美，因为任何事物都是相对立的……

那些做事追求完美的人之所以会过分认真，是因为他们很在乎周围人的看法，害怕一些负面的评价，其实，谁也不会因为一个错误而成为不合格的人。生命像是一场球赛，最好的球队也有丢分的记录，最差的球队也有辉煌的一刻。我们的目标是——尽可能让自己得到的多于失去的。那么，过分追求完美的人该如何去调整自己呢？

1. 自己的事情自己做，养成细心的习惯

如果你是一名上班族，那么，出门前你就该整理好当天要用的文件，如果你忘记了，那么，你一定会吸取教训，时间一长，必然会变得细心了。

2. 从生活中开始培养自己严谨的做事习惯，减少拘泥于小事的时间

不难发现，如果一个人连自己的房间都一团糟，鞋子东一只西一只，那么，他必定也是个做事丢三落四、凭兴致所至，观察没有顺序、思考缺乏条理的人。因此，你需要从生活中的小事做起，不断培养自己良好的生活习惯，减少自己的马虎粗心。常用的方法是：自己整理自己的衣橱、抽屉和房间，培养仔细、有条理的习惯；自己安排自己的课余时间和复习进度表，培养有计划、有顺序的习惯。天长日久，你就会变得思维严谨起来，做事有规划了，自然也就不会把过多时间耗费在细节上了。

每个人都深知细节的重要性，细节虽然小，但若是不注意，就会酿成大错。因此，注重细节是做好一件事的前提。然而，不得不承认的是，我们做任何一件事，都不可能做到面面俱到，如果你太过追求完美，一定会精疲力竭。其实，时间在一分一秒不停地过，而一切都不是静止不变的，生活也在改变，就算你在这方面把事情做得很好，但没有多久随着事情变化的趋势，再从另一个角度看，或许就不是那么完美了。俗话说："计划赶不上变化。"无论你想把事情做得多么完美，那都是不可能的。所有只有注重事情的细节，认真尽心地把事情做得更好，而不应该苛求完美。

摒弃完美主义，抓大放小只做有意义的事

生活中，我们常常听到身边的人说："做人，别指望所有人都会喜欢你。"其实，这句话也可以运用到我们的工作中，也就是说，要想高效率地做事、不拖延，我们就不要试图把每件事的细枝末节都做到完美。时间是绝对有限的资源，你选择了做某件事情，就隐含了放弃做别的事情。"做别的事情"就是你的"机会成本"。所以，我们做事情的标准，不是"某件事有没有意义"，而是"某件事是不是最有意义"。

小刘因为工作努力，年纪轻轻就当上了一家食品公司的车间主任。从事这个行业以来，他一直兢兢业业，也深受上级领导的赏识和信任，但他也有

自己的苦恼：身为车间主任，原本他的工作是管理工人，但实际上，很多时候，面对工人们的懒惰，他实在无法管理。

比如，上个星期一，他要去外地出差，临走之前，他交代员工要将客户催紧的一批货赶出来，并且要严把质量关。

小刘心想，在他回来之前这批货应该能出厂了。但情况出乎他的意料，当他回到公司以后，发现这些工人不但没有赶工，反倒忙自己的事情去了。气急了的他问员工小王："我交代你的事情你做好了吗？怎么有时间玩手机？"

"是吗？这批食品不一直都是A组负责吗？"小王很诧异地回答道。

小刘又找A组的小秦，没想到小秦的回答是："您出门之前不是找了B组的人谈话吗？"

此时的小刘已经什么都不想说了，现在他能做的，就是拖着疲惫的身体替员工干活。

小刘在工作中出现了什么问题？他是一名管理者，他的工作重心应该是管理，而不是亲力亲为去做下属的工作。

许多人都已经意识到了完美主义给自己带来的困扰，然而他们却不敢面对这个问题。害怕因小失大，造成错误。于是，他们迟迟不敢动手，总是希望能将计划做得天衣无缝，总是认为能将所有的事处理好，殊不知，时间就这样被白白浪费了。

真正懂得高效率做事的人，一定是懂得如何舍弃的人。被我们羡慕的那些成功者其实都不是神通广大的人，他们也不可能做到"一心几用"。摒弃完美主义，我们必须要掌握一个原则——确保自己永远在做最重要的事。这样，能为我们省去很多不必要的麻烦，也绝不会有太大的风险。这样工作就进行得快多了。

确保自己一直都在做最重要的事情，实际上也就是确保了自己的时间一直都在被高效地利用。对此，有以下几条建议：

1. 记录时间损耗

要提高职场工作的有效性，第一步就是记录其时间耗用的实际情形。事实上，许多企业的管理者都经常保持这样的一份时间记录，每月定期拿出来检讨。至少，有效的管理者往往以连续三四个星期为一个时段，每天记录，一年内记录两三个时段。有了时间耗用的记录样本，他们便能自行检讨了。

2. 要专注，也就是说“一次仅做一件任务”

在中国大多数公司，人们越来越忙碌。尤其是那些高层领导者其忙碌的情况，简直不可思议！除了众多的出差外，就是数不清的会议，工作负担越来越重，但结果却都是毫无意义的居多。其实，仔细分析原因，我们发现，他们同时专注的事情太多了，什么都想做，什么都想管，结果什么都做不好。因此，你若想提高工作效率，就应该从本质上消除“兼顾”的想法，一次仅做一件任务。

3. 学会舍弃一些不必做的事

将时间记录拿出来，逐项逐项地问:“这件事如果不做，会有什么后果?”如果认为“不会有任何影响”，那么这件事便该立刻取消。

然而许多大忙人，天天在做一些他们觉得难以割舍的事，比如应邀讲演、参加宴会、担任委员和列席指导之类，不知占去了多少时间。其实，对付这类事情，只要审度一下对于组织有无贡献，对于他本人有无贡献，或是对于对方的组织有无贡献。如果都没有，完全可以谢绝。

总之，我们要想提高工作效率、杜绝拖延的话，就一定要摈弃完美主义。找出那些根本不必做的事，这些事做了也完全是浪费时间，无助于成果。

完成比完美更靠谱

在我们的周围，有这样一些人，他们工作认真、能力突出、勤勤恳恳，一些能力不如他们的人都已经成绩十分显著了，但他们却总是无法成功，究其原因是什么呢？在排除其他因素的情况下，他们很可能是陷入了完美主义的泥沼。

不知你是否有这样的感受：在当你着手准备做某件事前，总感觉计划不周密，于是，为了完善你的计划，你迟迟未动手；在接到上司的某件任务时，你发现上司的方案有个不如意的地方，为此，你花费了大量的时间去求证，最终也延误了上交任务的时间；购物的时候，你是否对那些打折或促销的产品不屑一顾、认为它们必定有着瑕疵？对于工作中那些看起来十分随便的人，你嗤之以鼻，认为这是不负责任的表现。

如果你有这样的表现，那么，很有可能你是一位完美主义者。对于完美主义者而言，它们着眼于细枝末节的事，认为要做好一件事，必须考虑每一个因素，然而，世界上本就不存在绝对的完美，它只是乌托邦式的美好愿望而已。我们在做一件事时，完成远比完美更靠谱。举个简单的例子，领导交代给我们某个任务，他要看到的只是工作成果而已，并不是完美无瑕的艺术品，如果我们一味地考虑其中可能出现的漏洞而不去实现的话，那么，在领导眼里是看不到你的努力的。并且，绝对完美的事是不存在的。任何一个高效率的工作者，也会秉持“八分原则”，也就是允许二分的瑕疵存在。

如果我们细心地观察就会发现，我们周围那些忙碌、不拖延的人，也多半是机动灵活的，他们总是能以80分就可以的态度完成十分艰难的工作。而完美主义者，因为总是将精力放到过多的细小问题上，要么拖延不动手，要么放缓了行动的速度。要知道，我们若想在这个高压的现代社会更快乐、轻松地生活，还是应该摒弃完美主义。

可见，凡事都有个度，追求完美到了一定的地步就变成了吹毛求疵。如果不达到想象中的彻底完美誓不罢休，那就是和自己在较劲了，长此以往，不但会让我们养成拖延的坏习惯，还会让我们的心里有解不开的疙瘩，我们自己也会渐渐承受不了这种越来越沉重的负担。

有一个富翁因为实在太富有了，所以凡事才要求最好的。

有一天他喉咙发炎，这不过是一个小毛病，任何一位大夫都可以看得好，但是由于他求好心切，一定要找到一个最好的医生来为他诊治。

他花费了无数的金钱，走遍了各地寻找医病高手，他一地一区地走，每个地方都告诉他当地有名医，但是他认为别的地方一定还有更好的医生，所以他又继续再找。

直到有一天他路过一个偏僻的小村庄，扁桃腺早已恶化成脓，病毒变得非常的严重，必须马上开刀，否则性命难保。但是当地却没有一个医生，这个富有的人，居然因为一个小小的扁桃腺发炎而一命呜呼！

其实，我们在工作中何尝不是如此呢？无关紧要的瑕疵并不会影响我们的表现，也不会给别人留下不好的印象，那又何必如此固执呢？

完美主义者不仅对待工作吹毛求疵，对待生活也是如此。他们不但苛求自己，还苛求他人，

有一个这样的笑话：一个人来到一家婚姻介绍所，进了大门后，迎面又见两扇小门，一扇写着：美丽的，另一扇写着：不太美丽的。这个人推开“美丽”的门，迎面又是两扇门，一扇写着“年轻”的，另一扇写着“不太年轻”的。他推开“年轻”的门——这样一路走下去，男人先后推开九道门，当他来到最后一道门时，门上写着一行字：您追求得过于完美了，到天上去找吧。

笑话当然是笑话，但是说明一个道理：真正十全十美的人是找不到的，我们不要过分追求完美。

的确，无论是工作还是生活中的烦恼，正是因为过分追求完美而产生的。如果我们苛求自己或别人把每一件事都做得完美无缺，那么我们将会失去很多东西。这个世上本来就没有完美的东西，如果一味地追求，最后得到的反而是不美。

总之，人生是没有完美可言的，完美只是在理想中存在，我们的工作和生活中总是有令人不满意的地方。事实上，追求完美的人是盲目的。“完美”是什么？是完全的美好。这可能吗？“凡事无绝对”，哪里来的“完全”？更不要提“完美”了。既然没有“完美”，那又为什么要去寻找它呢？

凡事努力就好，无须尽善尽美

生活中，相信很多人都被告诫过，做人做事都要认真、努力，这会使

你更加得完美，会不断进步。我们鼓励认真的态度，是为了让自己的人生变得幸福和充实，然而，生活中却有一些人，他们对自己太过苛刻，无论做什么事，都要求自己做到百分之百，不允许犯一点小错，不允许生活有一点瑕疵，结果常常因为对自己太过苛求而搞得身心疲惫不堪。其实，有缺憾的人生才是真实的人生，我们固然要有追求完美的态度，但凡事努力就好，无需尽善尽美。

在我们工作或生活的周围，有这样一些人，他们对自己定位过高，在他们看来，没将事情做得完美，还不如不做，他们从不允许自己失败，一旦自己某次工作没做到位，他们便茶不思饭不想、神情恍惚，其实这都是苛求自己的表现。他们通常比那些执行力强的人少了些灵活性，一旦他们被坏情绪缠绕，便失去工作动力，也就变得做事拖拉。

琳达是一家贸易公司的主管，已经35岁的她每天忙得焦头烂额，就如她说的："连恋爱和结婚的时间都没有。"她所在的公司虽然不大，但每天需要处理的事情很多，最要命的是琳达是一个什么事情都要管的人，大到公司的业务订单，小到快递的电话都要接，然而，即便如此，她还总是觉得自己做的不到位。

一次，公司的一名国外客户前来商讨业务事宜，琳达原本让公司小王去应酬，但想想还是自己亲自去，谁知琳达完全不会喝酒，经不住客户的几句劝酒就醉了，然后说了些抱怨工作累、薪水低的话。

第二天清醒后，她懊恼不已，认为这样不仅有损公司的形象，也可能会传到经理的耳朵里，因为当时小王也在场。为这事，她接连几天茶不思饭不想、一天到晚迷迷糊糊，工作状态很糟糕。

这天下班，琳达在电梯居然遇到了小王，窘迫难堪的她还是问候了下下属："累吧，回家多休息。"

"没有主管累，那天多亏你，不然我肯定连家都回不了了。"

"那天你也喝醉了吗？"琳达问。

"是啊……"琳达这才明白，原来她所担心的事根本不存在。

案例中的琳达就是个苛求自己的人，因为担心自己酒后失言给自己可能带来的后果而总是烦躁不安、影响了工作，而事实证明，她的担心是多余的。

我们周围就是有这样一些人，他们做事谨小慎微，对自己和他人都要求十分严格，总是认为事情做得不到位。因为他们太过专注于小事而忽视全局，这主要是因为他们性格上的原因，对自己要求过于严格，同时又有些墨守成规。通常情况下，过于认真、拘谨，缺少灵活性，就会觉得活得很累，更缺乏一种随遇而安的心态。

并且，这类人高高在上、看似完美，但却没什么朋友，人们也不愿意与之交往，这就是因为他们用完美给自己树立了一个高大形象，反而让人们敬而远之。因此，拒绝完美，凡事都不要逼自己，允许自己做不到100分，你会发现，自己活得很轻松。

可以说，一个人对自己有高标准的要求是有益处的，它能使我们在正确的轨道上行走。然而，凡事都有度，过度就会适得其反。对自己要求太高，很容易让一个人对自己要求过分苛刻，而陷入极端状态，比如，当犯了一点错误时，他便会悔恨不已，甚至妄自菲薄，贬低自己；那些自控力太强的人时刻会警惕自己的行为是否得当，他们会比那些凡事淡定的人活得更累。

追求完美超过了一个度，心里就有可能系上解不开的疙瘩。我们常说的心理疾病，往往就是这样不知不觉出现的。

德国大文学家歌德曾说："谁若游戏人生，他就一事无成，谁不能主宰自己，永远是一个奴隶。"就一般人而言，对自己没有高标准的要求，缺乏自控能力，一般不容易实现自己既定的人生目标，难以获得家庭的幸福和事业上的成功，其情绪容易受外来因素的干扰，使其行为与人生目标反向而行。但对自己太过苛刻则会带来反作用。

因此，每个人都要记住，再美的钻石也有瑕疵，再纯的黄金也有不足，世间的万物没有又纯又完美无瑕的，人也不例外。我们每个人都不可能一尘不染，在道德上、在言行上都不可能没有一点错误和不当。人总是趋于完美而永远达不到完美。因此，你不必对自己和别人做过高的不切实际的要求。

及时放下，别在错误里耽误时间

生活中，当我们做一件事，感到身心俱疲，想要放弃的时候，常被身边的人这样鼓励："坚持，不要放弃。"然而，我们自身是否思考过，坚持真的就会胜利吗？通常来说，完美主义者会选择坚持，因为他们认为已经付出了努力，就不能放弃。事实上，有时候，当我们碰得头破血流的时候，才发现，原来自己一直在走一条错误的路，回过头来看，我们已经浪费了太多的精力和时间。

因此，当我们在为努力奋斗、勤奋学习乃至为梦想付出的过程中，也不能太过盲目，而应该思索自己的方向是否正确，如果你发现梦想越来越远，那么，就要果断放弃，因为放弃有时候是为了更深层面的进取。

老鼠钻到牛角尖里去了，它跑不出来，不但不往回跑，却还拼命往里钻。

牛角对它说："朋友，请退出去，你越往里钻，路越狭况且前面也没有出路。"

老鼠生气地说："哼！我是百折不回的英雄，只有前进，绝不后退的！"

牛角无耐地说："可是你的路走错了啊！"

老鼠还是固执地坚持自己的意见："谢谢你，我一生下来就是钻洞过日子的，怎么会错呢？"

不久，这位"英雄"便活活闷死在牛角尖里了。

故事中的小老鼠，就因为自己的执念，最终死于牛角之中。

其实，生活中的我们也应该想一想，是否也心怀执念而让自己钻入了死胡同，是不是一直在做一件错的事或选择了错误的方向，是不是一直在浪费时间。坚持多一点就变成了执着，执着再多一点就变成了固执。人应该执着，但不应该错误地坚持一种想法，有时候，你可能没意识到的是，你坚持的想法是虚妄的。因此，我们应当学会及时放下，找到新的出路，重新审视自己的生活。

李维斯是家喻户晓的“牛仔大王”，在他年轻的时候，他也曾投入到西部淘金的热潮中。

一天，去西部的一行人，突然被一条大河挡住了前方的路，大家苦等数日，一直没有出现船只，接下来，要过河的人越来越多。李维斯看到这种情形，脑海中产生了一个好点子——摆渡。就这样，李维斯挖到了人生的第一桶金。

当然，随着时间的流逝，摆渡的生意越来越清淡。再后来，李维斯又发现了一个赚钱之道——卖水。因为西部很干旱，就这样，他又赚到了一大笔钱。再接下来，与他抢生意的人越来越多。

终于有一天，一个身材强壮的人对他威胁道：“小伙子，以后你别来卖水了，从明天早上开始，这儿卖水的地盘归我了。”他原以为这人只是在开玩笑，没想到，第二天，对方看到他还在卖水，便二话不说对他一顿暴打，最后还将他的水车也一起拆烂。

就这样，李维斯不得不再次无奈地接受现实。然而就在他心灰意冷时，脑袋中却又闪现了另外一个想法，并且，他做到了——把那些废弃的帐篷收集起来，洗干净后，缝制成衣服，那么一定会有人愿意买。就这样，他缝成了世界上第一条牛仔裤。从此，他一发不可收拾，最终成为举世闻名的“牛仔大王”。

李维斯为什么能最终成为“牛仔大王”？那是因为他有变通的思维，在原来的赚取财富的路已经行不通的时候，他能果断地放弃，并不断地寻找新的机遇。

然而，很多事情拿起来容易，放下却难。因为你如果放下了，就等于承认了失败，向现实认输了。在我们所受的教育里，强者是不轻易言败的。所以，我们常常会被一些高昂的英雄气势所激励，不屈不挠、坚定不移、坚持到底、永不言败等词语在耳畔回响。是的，我们的人生需要砥砺。但是，如果是一个站在了死胡同里却还是要坚持走到底的人，他并不会成为英雄，只会让他更快毁灭自己。

每一个人都渴望成功的降临，但事实上很少有人能预期获得成功。有的人盲目行事，心中有了好的想法就马上开始实施，不等待、不忍耐，也不经过仔细思考，最终面临惨烈的失败。所以，要想获得成功就必须有周详的谋划，处心积虑，经过一番斟酌，经过一段时间的准备之后再行动，而一旦发现目标是错误的，就应该立即放弃，并调整新的方向，只有这样，才能最终获得成功。当然，在追求成功的过程中，有时候，我们需要放弃的不仅仅是目标和方向，还有让我们感到疲惫的压力。因为只有放弃压力，及时获得新的能量，我们才能继续上路。

别再固执，缺憾也是一种美

看到断臂的维纳斯，你会想到什么？相信每个人都会想到美，这就是一份残缺美！其实，我们的工作、生活乃至人生何尝不是如此呢？人生不可能事事如意，也不可能事事完美。追求完美固然是一种积极的人生态度，但如果固执地做完美主义者，那么不但得不偿失，反而会变得毫无完美可言。

一个被劈去了一小片的圆，想要找回一个完整的自己，到处寻找自己的碎片。由于它是不完整的，滚动得非常慢，从而领略了沿途美丽的景色，它和虫子们聊天，充分感受到阳光的温暖。它找到许多不同的碎片，但都不是原来的那一块，于是它坚持着寻找。一直到有一天，它实现了自己的心愿。

然而，作为一个完美无缺的圆，它滚动得太快了，错过了花开的时节，忽略了虫子。当它意识到这一切时，它毅然舍弃了历尽千辛万苦才找到的碎片。

这则寓言告诉我们：正视放弃，拒绝完美，才令我们完整。因此，日常生活中的人们，不要太苛求自己了，允许自己做的不完美，允许自己犯错。

万事万物，必然存在两面性，各有所长，也各有所短。圆物不稳，但滚动自如。方物平稳，但移动困难。但生活中的人们似乎就是不明白这个道理，总是希望任何事、任何物都完美无缺。一旦事物的发展方向背离了自己完美的愿望时，他们就会感叹人生的不易，无病呻吟；一旦按他的想法追求到了，仔细一看，原来并不是想象中那样，从此便自谓看破尘世之事。好端端的人生，竟被这样的心境破坏掉了。

难道不是这样吗？恋爱时，众里寻他千百度，挑了又挑，个头儿、长相、学历、家庭、财产、地位……尽善尽美，总希望有个王子或公主在等自己、成为与自己厮守终生的爱人，但时间却在等待中慢慢逝去。最终，选择了一个自认为一般般的人结了婚。于是，完美的恋人的形象打了折扣或彻底破灭，又开始新的一轮完美追求；生了孩子，又希望孩子成为一等一的天才。于是，让孩子从小学钢琴、学绘画、学外语……从小学到大学，你都为孩子做好安排，希望他一步步完成，将来还要出国留学，哪怕自己省吃俭用，也要积攒下为孩子所用的一切钱……你把所有的希望都压在了孩子身上。但你想过没有，万一不是理想的结局，你能承受得住吗？多少人就是这样不知道迂回，不知道变通，不知道及时而适时地调解自己的心态，心理就这样在一瞬间脆弱地垮掉了。

有这样一个故事：

从前，有个国王，他有七个女儿，这美丽的七位公主是国王乃至整个国家的骄傲。

这七位公主都有一头美丽乌黑的长发，为此，国王送给她们每个人一百个漂亮的发夹。

这天早上，大公主醒来，准备梳头，却发现自己的发夹少了一个，于是，她就去二公主房间拿走了一个；同样，二公主也发现自己的少了一个就去三公主那里拿了一个，就这样……五公主一样拿走六公主的发夹；六公主只好拿走七公主的发夹。于是，七公主的发夹只剩下九十九个。

隔天，邻国一位英俊的王子忽然来到皇宫，他对国王说："昨天我养的百灵鸟叼回了一个发夹，我想这一定是属于公主的，而这也真是一种奇妙的缘分，不晓得是哪位公主掉了发夹？"公主们听到了这件事，都在心里想说："是我掉的，是我掉的。"可是头上明明完整地别着一百个发夹，虽然心里懊恼得很，却都说不出。只有七公主走出来说："我掉了一个发夹。"话才说完，一头漂亮的长发因为少了一个发夹，全部披散了下来，王子不由得看呆了。故事的结局，当然是王子与公主从此一起过着幸福快乐的日子。

为什么我们一有缺憾就想拼命去补足？一百个发夹，就像是完美圆满的人生，少了一个发夹，这个圆满就有了缺憾；但正因缺憾，未来就有了无限的转机，无限的可能性，何尝不是一件值得高兴的事！

在现实生活中，我们对人、对事，对自己都不宜过于苛求。否则，最终会让自己成为孤独的人，生活在孤寂和焦灼之中。生活的目的在于发现美、创造美、享受美，而一味地苛求完美，就难以找到真正的美。

第10章

高效执行的心理策略：在行动中赶走拖延的小偷

人们总说："拖延和犹豫不决是一对孪生兄弟。"无论做什么事，都有个最佳时机，而犹豫不决、瞻前顾后的拖延只会让机遇与我们擦身而过，任何一个成功者必定有着做事果断的品质。如果你也希望成为一个高效做事的人，那么，你就必须要养成立即执行、绝不拖延的习惯。

快速决定：拖延会毁掉好的决策

机遇是随处可在的，这一点，无论是对于个人还是企业都是一样。但是，机遇之所以为机遇，还因为它是极少见的、转瞬即逝的，因此，如果你想抓住机遇，那么，必须要有一个品质，那就是果断。只有当机立断，勇敢去行动，才有可能取得成功；如果一味犹豫不决，瞻前顾后，思前想后，等你下定决心的时候就只能看别人的成功了。

因此，再好的决策也经不起拖延。在做出一项正确的决策之前，速度是关键。无论你是一名普通职员还是某些行业内的领跑者，都必须具有迅速做出一项正确决策的能力；思虑太多，会阻碍你迅速做出决策；任何一项正确的决策，都是现在做出来的。

很多时候，我们都在浪费太多时间来预测未来，以致延误了做出决策的时机。我们先来看下面这个故事：

王安博士是华裔电脑名人，在他5岁时，曾有一件影响他一生的事。

一天，他外出玩耍，经过一棵大树时，突然掉到他头上一个鸟巢，从里面滚出了一只嗷嗷待哺的小麻雀。小孩的心是善良的，于是，他决定把它带回去喂养，便连同鸟巢一起带回了家。

走到家门口，忽然想起了妈妈不允许他在家里养小动物。他轻轻地把小麻雀放在门口，急忙进屋去请求妈妈，在他的哀求下妈妈破例答应了儿子。王安兴奋地跑到门口，不料小麻雀已经不见了，一只黑猫在意犹未尽地擦拭着嘴巴。

王安为此伤心了很久。

从此，他记住了一个很大的教训：只要是自己认定的事情，绝不可优柔寡断。犹豫不决固然可以免去一些做错事的机会，但也失去了成功的机遇。

也就是因为他记住了这个教训，所以王安在人生的道路上成就了一番大事业，成为了华裔电脑界的名人……

这只是一件小事，但告诉我们，我们的一次迟疑很可能就延误了行动的最佳时机。行动的天敌就是拖延，停止拖延的最好方法就是马上付诸行动。犹太人占全球的1%，但全球7%的财富掌握在他们手中，因为他们是行动的主人。犹太人做任何事都尽最大的努力，从来不把今天的事留给明天。同时，他们做事坚决果断，这是成功者最为重要的内在素质。

不论要干什么，都要把握住适当的分寸和尺度，所谓“该出手时就出手”。一旦错过了最好的时机，你可能会一无所得。在两难的抉择中，敢于决断是一个人成功的关键。假如我们面对选择时犹豫不决，无法果断地做出决定，将会一事无成，甚至有可能还会埋下祸根，为自己带来一连串的失败的打击。

这就要求我们必须做到。

1. 决策要果断

《论语·子路》里有句话：“言必信，行必果。”意思是说话一定要守信用，做事一定要果断。

要想果断，一个人必须有善辨的能力，并能迅速估算情况，然后适时做出决定。诚然，果断要求的是速度，但绝不是武断，具有武断性的人往往懒于思考而轻易做出决定。他们虽然也能快速做出决定，但往往欠缺周全的考虑，因此，他们做出的决定大部分是主观的。

2. 在抓住机会的同时，也要迅速行动

要成功，除了要抓住机会，还要行动迅速。在机遇面前，千万不可犹豫，只有抓住机会，将构想赋予行动才会有意义，才能领先对手，抓住机会取得成功。

在2003年底，TCL收购法国阿尔卡特的手机业务，率先吹响了“全球规模”的中国企业国际化号角，2004年底联想又一举吞并了美国IBM公司的全球PC业务，进一步掀起了中国企业“全球规模”国际化高潮。我们把这几个问题拼图起来，慢慢就看清了事情的全貌：国际化有渐进式的“自我扩张型”，也有跳跃式的“局部规模”购并国际化和飞鸟凌云式的“全球规模”购并国际化。

我们在做任何决策包括实施决策的时候，都不可以优柔寡断、前怕狼后怕虎，决定的事就要勇敢地去做，只有抢先一步，才可能赢取先机，获得市场！

当然，这种在两难中做出选择的勇气，必须以敏锐的洞察力为基础。如果没有经过思考，没有看清问题，就盲目地做出决断，不但无助于成功，相反却可能会使你损失惨重。要知道，没有经过慎重思考，盲目决定的勇气只是匹夫之勇。你若想成为一名非同凡响的角色，你就必须学会在两难的选择中，敢于决断，敢于行动。

总之，每一个希望获得成功的人都应该将自己训练成为一个果断的人，要做到这点，你就必须解放思想，具备超前的观念和敏锐的眼光；看准了的事，应该雷厉风行、马上就干，不能患得患失、等待观望，更不能纸上谈兵、只说不干。

马上执行，一秒钟也不能耽误

当今社会，市场风云瞬息万变，市场信息流的传播速度大大加快。所以，谁能抢先一步获得信息、抢先一步做出调整以应对市场变化，谁就能捷足先登，独占商机。如果你是一个渴望在竞争中获胜的人，你就应该明白一点，这是一个“快者为王”的时代，速度已成为一个人生存乃至发展的基本法则。而要做到这点，你就要做到立即行动，毫不犹豫，与此同时，你还要着力培养自己的判断力和执行力，以提高成功的可能性。

我们可能都听过拿破仑因为晚了1分钟而兵败滑铁卢的故事。拿破仑十分珍惜时间，他知道，每场战役都有“关键时刻”，能否把握住这一时刻决定战争的胜败，稍有犹豫就会导致灾难性的结局。拿破仑说，奥地利军队之所以不敌法国军队，是因为奥地利军人不懂得1分钟的价值。同样，历史毫不留情地在拿破仑身上重演，在滑铁卢战役中，拿破仑自己就因为晚了1分钟而被敌人打败，被送到了圣赫勒拿岛上，成了阶下囚。

生活中，大部分人都很希望成功，但只愿意做很少的努力。而那些成功者之所以会成功，是因为他们即使害怕也会行动，而大多数人正是因害怕而没有作为。

约翰·沃纳梅克——美国出类拔萃的商业家这样说过：“没有什么东西你是想得到就能得到的。”如果你能追溯那些成功人士的奋斗之路，你就会感叹：“难怪他会做得这么好！”决定了行动最后的成功！所以，不要再感叹时光荏苒了，从现在起，立即行动吧，一秒钟也不要耽误，下一刻也许就是成功!

石油大王洛克菲勒先生曾说过一个抢占石油市场的经历：

在洛克菲勒进军石油界的第三年，炼油商们又在宾州布拉德福发现了一个新油田，于是，负责标准石油公司输油管业务的丹尼尔·奥戴先生便迅速带领他的团队扑向那个财富之地。

开采石油的那些人已经疯狂了，他们不分昼夜地开采，希望可以带着大把大把地钞票从此离开。也就是说，奥戴先生的管道和工人根本不够用。

此时，洛克菲勒站出来，对奥戴先生提出了建议，希望他能警告那些采油商，因为他们的开采量和开采速度已经远远超过了他们的运输能力，只有减慢开采速度，这些黑金才不会变成一文不值的粪土。然而，无论洛克菲勒怎样苦口婆心地劝说，傲慢和争强好胜的奥戴就是不为所动。

就在此时，洛克菲勒的竞争对手波茨动手了，他先在几个重要的炼油基地收购洛克菲勒的炼油厂，接着，他又开始在布拉德福德抢占地盘，铺设输油管道，要将布拉德福德的原油运到自己的炼油厂。

洛克菲勒意识到自己再不出手就晚了，于是，这一天，他来到宾州铁路公司大老版斯科特先生的家里，并直言不讳地把事情的利害告诉了他，但这位斯科特先生也是个固执的家伙，他对波茨的行为表示置之不理。无奈，洛克菲勒决定亲手向自己的这个敌人宣战。

首先，洛克菲勒解除了与宾州铁路的所有业务往来，而将自己的运输业务转给了另外两家支持他的铁路公司，在削弱它们力量的同时，他还关闭了与宾铁的全部业务往来，并指示部属将运输业务转给一直坚定地支持它们的依赖于帝国公司运输的在匹兹堡的所有炼油厂；随后指示所有处于与帝国公司竞争的己方炼油厂，以远远低于对方的价格出售成品油。

在这样的措施下，斯科特不得不臣服，尽管他很不情愿。

洛克菲勒的措施自然会引发对方的反击，为了打击洛克菲勒，他们把业务转手给洛克菲勒的竞争对手，并且，他们还倒贴给对方很多钱。无奈，他们只好裁员、削减公司，这引发的是工人的极大不满，最终，这些愤怒的工人一把火烧了几百辆油罐车和一百多辆机车，逼得他们只得向华尔街银行家们紧急贷款。

就这样，他们不但没有挣钱，反倒损失惨重。

洛克菲勒的竞争对手波茨先生是个很有魄力的军人，他不愿意妥协，但是，他也是个识时务的人，最终，他决定不再与洛克菲勒决斗，而选择了讲和，停止了炼油业务。几年后，他还成为了洛克菲勒属下一个公司积极勤奋的董事。

洛克菲勒曾直言不讳地说：“成功驯服这些傲慢的倔驴，我的心都在跳舞。”而他之所以能做到这点，就是因为他先人一步的魄力，绝不让主动权落在对手手里。

所以，任何一个人，若渴望获得一番成就，都要有强有力的执行力。因为执行是最重要的，执行力就是竞争力。事情成败的关键在于执行。

幸运总是降临在不拖延、抢占先机的人身上

我们都知道，在战场上，时间就是生命，错过1分钟可能造成整个战役的失败。准时、不拖延才是战役成功的前提。同样，在人生的战场上，幸运总是光临那些能够努力奋斗抢占先机的人身上。无论做什么事情，速度问题不解决，是绝对不会成功的。

速度法则不仅仅强调效率，更强调机遇。机遇是可遇不可求的，是最宝贵的资源。抓住了机遇，就能取得胜利；错过了机遇，失败就在所难免。要抓住机遇，就要保证速度；机遇也是在速度中产生的。

每成一事要比别人先走半步。历史经验证明：能否做到快半步，往往会决定一桩事情的成功或失败。竞争如同弈棋，一招失先，则步步落后。一招占先，则步步主动，利于掌握全局。

海獭属于鼬科动物，成年海獭体长1.5米，体重在40千克左右。它们生活在阿留申群岛周围的海域中，智能在某些方面超过了类人猿。然而，令科学家惊叹的还不仅是海獭的聪明，而是它们对成功捕食时间的准确把握。海獭的潜水时间仅仅只有4分钟，也就是说，在这4分钟里，它必须潜到50米以下的海水里去捕猎，如果超过了4分钟，它就会溺死在水里。所以，时间对于海獭来说就是生命，每一次捕猎，都是以倒计时来计算的，并且必须用上整个生命。它们只能在规定的时间内捕获到食物，不然，要么会被淹死，要么就会被饿死。

海獭的食物大部分是海底生长的贝类、鲍鱼、海胆、螃蟹等。由于海獭非常清楚自己捕猎的时间有限，所以每次潜入水中之后，它便目标明确地去寻找自己的猎物，一秒钟时间都不敢耽误。它的速度也异常快捷，抓到猎物后，一定要在肺里的氧气用完之前返回水面。它们没有鲨鱼那样坚硬的牙齿，也没有金枪鱼那样锋利的长枪，它们没有任何强过海里其他动物的器官或武器，也并不适合在水里生活，可是，千百年来，它们就是靠着那4分钟的捕猎时间而在海里生存了下来。

其实人生的时间并不短，跟海獭相比，我们的时间何止一千个一万个4分钟，不成功的原因也正是因为时间太过充裕，让人们有了懈怠的心理。如果

给成功定一个期限，我们便没有时间怨天尤人，也没有机会犹豫不决，而是会立即在有限的时间里明确自己的目标，然后全力以赴。

在同样的机会下，谁快谁就会赢得机会，谁快谁就会赢得财富；在机会不同的条件下，后来者要用速度赢得时间，赶上前面的领先者。比尔·盖茨说："你不要认为那些取得辉煌成就的人有什么过人之处，如果说他们与常人有什么不同之处，那就是当机会来到他们身边的时候，立即付诸行动，绝不迟疑，这就是他们的成功秘诀。"

当然，现实生活中的一些机遇，是要用心去发现的。如果忽视了，这种机遇可能就毫无意义。而那些主动执行、善于创造机会的人，则能从最平淡无奇的生活中找到一丝微弱的机会，然后用自身的行动改变了他们的处境。

其实，机遇的出现，虽然带有一定的偶然性，但又以必然性为基础。如果你有足够的勇气，敏锐的观察力、判断力，机遇就可以被"创造"出来。莎士比亚曾说："聪明人会抓住每一次机会，更聪明的人会不断创造新机会。"这是说我们对待机会要选择主动的态度，甚至要用我们的行动增加机会出现的可能性。

机遇无处不有，无处不在，关键是看你能否把握住它。机会只对那些勤奋工作的人才有意义。无论是过去、现在或是将来，最有希望的成功者，并不是天才出众的人，而是那些既善于抓住机遇，又善于创造机遇的人。

形成条理，优先处理最重要的事

现代社会，时间已成为一种有限的资源，所以人们似乎总觉得时间不够用，总是觉得效率不高，最重要的是，一些看来重要的事似乎总是被落下，这是为什么呢？其实，这主要是因为人们总是把那些最重要的事情放到最后处理，而人的精力总是有限的，当我们工作一段时间后，势必会觉得疲乏，那些最重要的事也就无心处理了。

因此，如果我们在做事之前先静下心来，厘清思绪，合理安排，列出事务处理的先后顺序并将重要的事优先处理，那么，事情往往会达到事半功倍的效果。

这天，伯利恒钢铁公司总裁查理斯·舒瓦普会见效率专家艾维·利。

见面不久，利就称他能帮助舒瓦普把他的钢铁公司管理得更好。而舒瓦普却说自己很擅长管理，不过事实上，他的管理确实不怎么令人满意。他告诉利，他已经不需要那些书本上的管理知识了，他需要的实际行动，需要的是如何更好地执行计划。

接下来，利说可以在10分钟内给舒瓦普一样东西，这东西能使他的公司的业绩提高至少50%。然后他递给舒瓦普一张空白纸，说："在这张纸上写下你明天要做的最重要的六件事。"过了一会儿又说："现在用数字标明每件事情对于你和你的公司的重要性次序。"这花了大约5分钟。他接着说："现在把这张纸放进口袋。明天早上第一件事情就是把这张纸条拿出来，做第一项。不要看其他的，只看第一项。着手办第一件事，直至完成为止。然后用同样方法对待第二件事、第三件事……直到你下班为止。如果你只做完第一件事情，那不要紧。你总是做着最重要的事情。"

利又说："记住，以后每天你都要这样做，如果你觉得这种方法奏效，那么，请你的职员也这样做。这个实验你爱做多久就做多久，然后给我寄支票来，你认为值多少就给我多少。"

这场见面会才不到半个小时，但就在几个星期后，效率专家艾维·利就收到了一张25万美元的支票，还有一封信。信上说从钱的观点看，那是他一生中最有价值的一课。后来有人说，五年之后，这个当年不为人知的小钢铁厂一跃成为世界上最大的独立钢铁厂，而其中，艾维·利提出的方法功不可没。这个方法为舒瓦普赚得一亿美元。

的确，生活中很多人都感到时间不够用，觉得自己太忙，但却总是把那些重要的事一拖再拖，以至于总是忙不出头绪来。

我们常常有这样的感触：除了工作，我们还需要生活、休息，还需要娱乐，我们要做到的事情实在是太多了。单以工作为例，我们也有做不完的报表，开不完的会，见不完的客人……

于是，我们会选择做个时间计划表，时间被安排得满满当当，所有事务也都被安排进去，但实际上，我们再执行的时候，依然发现很难完成。这是为什么呢？因为这份计划表缺乏条理性。

无论工作还是生活，是要有章法的，不能眉毛胡子一把抓，要分轻重缓急！这样才能一步一步地把事情做得有节奏、有条理，达到良好结果。法国哲学家布莱斯·巴斯卡说："把什么放在第一位，是人们最难懂得的。"那么，我们该如何有计划地安排自己呢？

每天开始都有一张优先表，把事情按先后顺序写下来。

每天一早挑出最重要的三件事，当天一定要能够做完。而且每天这三件事里最好有一件重要但是不急的，这样才能确保你没有成为急事的奴隶。

把一天的事情安排好，这对于你成就大事情是很关键的。这样你可以每时每刻集中精力处理要做的事。但把一周、一个月、一年的时间安排好，也是同样重要的。这样做给你一个整体方向，使你看到自己的宏图。

真正的高效能人士都是明白轻重缓急的道理的，他们在处理一年或一个月、一天的事情之前，总是按主次的办法来安排自己的时间。

当机立断，做事没主见只会错失良机

你是否经历过以下场景：下班后，你需要留下来赶点工作，但同时又是你竞争者的同事却一直在给你打电话，约你去喝一杯。你怎么办？你是继续加班还是经不住他的诱惑？如果你选择后者，那么，这只能说明你是个容易被他人影响的人。

成功学创始人拿破仑·希尔说："生活如同一盘棋，你的对手是时间，假如你行动前犹豫不决，或拖延行动，你将因时间过长而痛失这盘棋，你的对手是不容许你犹豫不决的！"

因此，如果你是个希望提高执行力和渴望有所作为的人，那么，你就必须努力成为一个有主见的人，在做抉择时，如果你左思右量，只能延误时机。的确，有时候，思虑周全并不为过，但千万不能瞻前顾后。所谓不要瞻前顾后，就是不要考虑别人如何评价我们、如何看待我们、我们能得到什么回报、得到什么奖励、表扬、荣誉等。

不得不说，我们工作和生活中的那些拖延者，有很大一部分都是因为缺乏主见、被别人左右行为而在拖延时间、浪费生命。他们太容易被周围人的闲言碎语所动摇，太容易瞻前顾后，患得患失，以至于给外来的力量可以左右他们的机会，似乎谁都可以在他们思想天平上加点砝码，随时都有人可以使他们变卦，结果弄得别人都是对的，自己却没有主意。《聊斋志异》中的一则故事：

两个调皮的牧童进了深山，看到一个狼窝，发现了两只小狼崽。他们准备带走这两只小狼崽，老狼看到后，心急如焚，就准备抢回小狼崽。

聪明的牧童，瞬间就抱着小狼崽分别爬上大树，两树相距数十步。老狼在树下准备救狼崽，但却发现两只狼崽被放在不同的树上。

并且，一个牧童在树上掐小狼的耳朵，弄得小狼嗷叫连天，老狼闻声奔来，气急败坏地在树下乱抓乱咬。此时，另一棵树上的牧童拧小狼的腿，这只小狼也连声嗷叫，老狼又闻声赶去，不停地奔波于两树之间，终于累得气绝身亡。

这只狼之所以累死，原因就在于它企图救回自己的两只狼崽，一只都不想放弃。实际上，只要它守住其中一棵树，用不了多久就能至少救回一只。我们没有理由说狼很笨。有时人比狼都笨。古人讲："用兵之害，犹豫最大；三军之灾，生于狐疑。"就是这个道理。

可见，面对世俗复杂环境我们能避开的就避开，不要轻信别人的胡言乱语，人要有自己的主见。只有自己当机立断，相信自己的判断和能力，远离小人，你的事业才会成功。

的确，有太多会扰乱我们心绪的因素，对此，我们要懂得调节，才能避免他人的有意干扰，为此，我们需要注意以下几点。

1. 采用稳健的决策方式

有时候，你的大脑可能陷入哪个好哪个坏的争论之中，事实上没有这个必要，只要没有明确的二者择一的必要，就不必太早决策。

2. 要养成独立思考的习惯

不能独立思考，总是人云亦云，缺乏主见的人，是不可能做出正确决策的。如果不能有效运用自己的独立思考能力，随时随地因为别人的观点而否定自己的计划，将会使自己的决策很容易出现失误。

3. 坚决按照某种原则执行

利与弊往往是事情的一体两面，很难分割。有的人明明事先已经编制了能有效抵御风险的决策纪律，但是一旦现实中的风险牵涉到自己的切身利益时，往往就不容易下决心执行了。

4. 不要总是什么都试图抓住

过高的目标不仅没有起到指示方向的作用，反而由于目标定得过高，带来一定心理压力，束缚决策水平的正常发挥。事实上，如果没有良好的决策水平做支撑，一味地追求最高利益，势必将处处碰壁。

5. 不要怕工作中的缺点和失误

成就总是在经历风险和失误的自然过程中才能获得的。懂得这一事实，不仅能确保你自己的心理平衡，而且还能使你自己更快地向成功的目标挺进。

6. 不要对他人抱有过高期望

总希望别人的语言和行动都要符合自己的心愿，投自己所好，这是不可能的，那只会自寻烦恼。

总之，你需要明白的是，培养自己的执行力极为重要，因为机会稍纵即逝，并没有留下足够的时间让我们去反复思考，反而要求我们当机立断，迅速决策。如果我们犹豫不决，就会两手空空，一无所获。

多点耐性，做事不要虎头蛇尾

我们都听过龟兔赛跑的故事，在生活中，也经常会出现“龟兔赛跑”的例子，一些人是爱睡觉、爱偷懒和拖延、做事没耐性的兔子，他们总是情绪不稳，一会儿想要夺冠，一会儿想要偷懒，结果造成了三分钟热情的现象。而有的人则成为了慢腾腾的“乌龟”，虽然跑得比较慢，但他们情绪和心态都比较稳定，抓住了一个目标就认真地去完成，这样反而适应了社会的规律，最终夺冠。

事实上，任何一个执行力强的人都深知做事善始善终的重要性，因为不耐烦、虎头蛇尾只会耽误更多的时间，这样无论做什么都只是一事无成。

有人问著名的组织学家聂弗梅瓦基为什么一生都花在研究蠕虫的构造上，聂弗梅瓦基回答说：“你可知道，蠕虫这么长，而人生却这么短。”的确，一个人的生命是有限的，而科学研究是无止境的。简而言之，如果你想获得任何一项事业的成功，就必须持之以恒，甚至付出毕生心血，对于成功而言，恒心就是力量。

在人类历史的长河中，多少卓有成就的人都是这样成功的。宋代司马光编写的《资治通鉴》，历时19年才截稿，但那时他已经是老眼昏花，不久就去世了；明代李时珍撰写《本草纲目》，几乎跑遍了名川大山，收集了多少资料，耗费了整整27年的时间，才铸就了这部名著；谈迁花了20多年的时间才完成了《国榷》，不料完成之后书稿被小偷盗走了，无奈之下，他又开始重新撰写，用了8年的时间才完成。这样的例子都足以说明，无论做什么事情，只有持之以恒、呕心沥血，竭尽毕生，才能达到成功的巅峰，若只有三分钟热情，那你最终只能一事无成。

我们在工作中，做事也要有耐心，这样才能有所为有所不为。不少人尤其是年轻人，刚开始工作时满腔热血，但时间久了就慢慢地懈怠了，最终一事无成。其实，工作不是仅仅依靠热情就能做好的，它更需要在保温中加温，坚持，坚持，再坚持，只有做到了这样，你才是真正的职业人。

从前，有一名和尚叫一了，他的耐性不够，做一件事情只要稍稍有点困难，就很容易气馁，不肯锲而不舍地做下去。

有一天晚上，师父给他一块木板和一把小刀，需要他在木板上切一条刀痕，当一了切好了一刀以后，师父就把木板和小刀锁在他的抽屉里。以后，每天晚上，师父都要小和尚在切过的痕迹上再切一次，这样连续了好几天。

终于到了一天晚上，一了和尚一刀下去，就把木板切成了两大块。师父说："你大概想不到那么一点点力气就能把一块木板切成两大块吧？一个人一生的成败，并不在于他一下子用多大的力气，而在于他是否能持之以恒。"

古人云："事当难处之时，只让退一步，便容易处；功到将成之候，若放松一着，便不能成。"在生活中，有很多事情，并不是仅仅依靠三分钟热情就可以做好的，也不是一朝一夕就能做到的，而是需要持之以恒的精神，我们必须要付出时间和代价，甚至是一生的努力，当然，在这个过程中，我们需要忍耐，坚持，再坚持，等待机会和成功的来临。

著名数学家高斯从小就勤奋好学，很早就显示出超人的数学才能。有一次，父亲正在计算账目，小高斯安静地站在旁边看，当他父亲自以为算得很对的时候，小高斯却认真地说："爸爸，您算错了，应该是……"父亲检验了一遍，发现高斯的答案是正确的。

高斯7岁那年，父亲送他到附近的学校读书，在学校里，高斯是班里最小的学生，但因其数学成绩最好，因而经常受到老师的表扬。高斯十分刻苦，他明白，要想更好地学好数学，自己必须付出更多的努力和汗水。白天在学校里，除了上课时专心听讲以外，他还尽可能地利用课余时间钻研数学，阅读了许多数学的著作。晚上，他将一个大萝卜挖去了心，塞进一块油脂，插上一根灯芯，就做了一盏小油灯。他一个人躲在顶楼上，在微弱的灯光下，专心致志地看书学习，直到深夜才睡。在上学期间，高斯还写了许多"数学日记"，记录了他在解题时的新发现和巧妙的解法，后来，高斯18岁那年，他成功地解决了自希腊数学家欧几里得以来两千多年一直悬而未决的数学难题，轰动了整个数学界。

有人曾问高斯："你为什么在科学上能有那么多的发现？"高斯回答说："假如别人和我一样专心和持久地思考数学真理，也会作出同样的发现。"

高斯成功的秘诀就是"专心致志，持之以恒"，他最反对的就是做事半途而废。当他在对一些重要的定理进行证明的时候，总是经过多种解决、证明的方法，并从中发现最简单和最有力的证明。因为高斯如此持之以恒地钻研数学，为科学事业的发展做出了卓越的贡献。

生活中，一些目标不坚定、耐心不足的人，尽管他们接触了不同的工作，涉及了不同的行业，但最终他们不会做任何一件事情，只是在寻求猎奇的过程中获得了满足，最终，他们将一事无成。相反，那些只做了一件事情，并坚持到底的人，他们在某个行业或某个领域达到了一定的高度，他们才是真正的成功者。

第11章 心念目标的心理策略：让你找到动力再不拖延

不得不承认，对于不少拖延者来说，他们迟迟未着手去做的原因之一就是缺乏目标，也有一些人并不是没有去做，而是一直在瞎忙，但无论如何，他们都未做成事。为此，我们有必要明确一点：你到底该做什么，该怎样做。相信你只要明确目标，才能找到不拖延、立即行动的动力。

目标明确，不在瞎忙中浪费时间

我们发现，在我们生活的周围，总是有不少人在抱怨时间不够用，你是否也有这样的感触：你的工作越来越忙了？你出席的会议更多了？你是否在办公桌上吃午饭？你甚至连假期都被占用了？当其他人提起事半功倍这一词时，你是否由衷地感到厌恶？那么，你忙出成果了吗？如果你的回答是否定的话，那只能证明你是在瞎忙。你为什么那么忙？因为你的目标不明确。确实，任何一个忙碌中的人都希望能高效地做事。但要做到这一点，你首先应该明确自己到底该做什么。

美国作家福斯迪克说得好："蒸汽或瓦斯只是在压缩状态下，才能产生动力；尼亚加拉瀑布也要在巨流之后才能转化成电力。而生命唯有在专心一意、勤奋不懈时，才可获得成长。"我们要做到勤奋和专心，就要有明确的目标和计划。每个人每天都拥有24个小时、86400秒，时间分配给每个人都是公平的，然而这一天时间，我们需要做的事情太多，所以我们必须要学会有的放矢，不盲目做事。

那么，该怎样制定学习目标呢？我们先来看下面的故事：

一位父亲带着三个儿子到沙漠中去猎杀骆驼。到达目的地后，父亲问大儿子，“你看到了什么？”大儿子回答：“我看到了父亲、沙漠和骆驼。”父亲又问二儿子：“你看到了什么？”二儿子回答：“我看到了父亲、哥哥、弟弟、弓箭、沙漠和骆驼。”父亲最后又问三儿子：“你看到了什么？”三儿子回答：“我看到了骆驼。”父亲满意地回答道：“答对了。”

这则寓言说明确定目标的秘诀就是“明确”。美国的一位心理学家曾经指出:“如果一个铅球运动员在比赛的时候没有目标，那么，他的成绩一定不会很好。如果他心中有一个奋斗目标，铅球就会朝着那个目标飞行，而且投掷的距离就会更远。”这个比喻非常形象，它具体的说明了我们做事时目标的重要性。当我们有了一个追求的目标时，才会有不懈的努力，向心中既定的目标前进。

人生不能没有目标，如果没有目标，你就会像一只黑夜中找不到灯塔的航船，在茫茫大海中迷失了方向，只能随波逐流，达不到岸边，甚至会触礁而毁。我们强调做事要立即行动、绝不拖延，但这并不意味着我们可以盲目做事。事实上，如果在无目标下做事，会拖延更多的时间，因为我们需要花时间重新审视自己的行为和方法。

在做任何一件事前，我们也必须做好计划，计划是为实现目标而需要采取的方法、策略，只有目标，没有计划，往往会顾此失彼，或多费精力和时间。我们只有树立明确的目标，制订详尽的计划，才能投入实际的行动，收获成功与满足。

那么，具体来说，我们该怎么做呢？

1. 制订完善的计划和标准

要想把事情做到最好，你心中必须有一个很高的标准，不能是一般的标准。在决定事情之前，要进行周密的调查论证，广泛征求意见，尽量把可能发生的情况考虑进去，以尽可能避免出现1%的漏洞，直至达到预期效果。

2. 制订计划时不要超过你的实际能力范围，而且内容一定要详尽

比如，你想学习外语，那么你不妨制订一个学习计划，安排星期一、星期三和星期五下午5：30开始听20分钟的西班牙语录音磁带，星期二和星期四学习语法。这样一来，你每个星期都能更接近、实现你的目标。

3. 做事要有条理有秩序，不可急躁

急躁是很多人的通病，但任何一件事，从计划到实现的阶段，总有一段所谓时机的存在，也就是需要一些时间让它自然成熟。假如过于急躁而不甘等待，经常会遭到破坏性地阻碍。因此，无论如何，我们都要有耐心，压抑那股焦急不安的情绪，才不愧是真正的智者。

4. 立即行动，勤奋才能产生行动

我们都知道勤奋和效率的关系。在相同条件下，当一个人勤奋努力工作时，他所产生的效率肯定会大于他懒散时的工作状态。高效率的工作者都懂得这个道理，所以，他们能够实现别人不能够达到的目标。

总之，在我们做事的过程中，若想克服拖延的习惯，就必须要让自己的心有方向，也就是说，在下定破釜沉舟的决心前，我们还要有缜密的思维和计划。

按部就班，做好每个步骤

古人云：“凡事预则立，不预则废。”大到国家，小到个人，做事都必须要有计划性，只有做到缜密行事、步步为营，才能让成功多一份胜算。同样，我们无论做什么事，也不要急于求成，毕竟，做成任何事情都不是一蹴而就的。

当然，我们在制订计划的时候，应当先设定一个短小的目标，当我们完成了这一阶段的目标后，才有信心继续向更高阶段的目标挑战。一开始就将目标定得很高，我们很容易产生挫败感而阻碍自己的行动。我们先来看下面一个减肥成功者是怎么养成运动的习惯的。

“我曾经是个200斤的胖子，肥胖带来的苦恼实在太多了，我常常买不到合适号码的衣服，我上公交车，大家都用异样的目光看着我，而让我印象最深的一件事，有一次，我得了阑尾炎，疼得厉害，爸妈打了急救电话，来个几个年轻的女护士，她们要把我抬上救护车，但我太胖了，女护士根本抬不动，我躺在担架上，被折腾了好久……自打这件事后，我告诉自己，无论如何，一定要减肥，这样胖下去实在太苦恼了。我也明白，对于一个200斤的大胖子来说，立即减成一个苗条的人并不大可能，于是，我给自己订立了一个运动减肥计划。在第一个月的每天，我运动一个小时，每天不吃零食；第二个月，每天运动一个半小时……刚开始的几天，我觉得每天锻炼一个小时都很吃力，因为我以前是个连走路都会大喘气的人，不过我还是坚持下来了，第一个月结束的时候，我去称了下体重，居然减了20多斤，这实在太神奇了。就这样，我继续完成了接下来两个月的锻炼计划，现在，我身上的肥肉已经都不见了，而且，最重要的是，我已经养成了锻炼身体的习惯……"

其实，和锻炼身体一样，做任何事情，都不可能"一口气吃一个胖子"。我们可以先为自己定一个可以轻易实现的目标，这个目标的实现能增强我们的自信心，帮助我们成功克服更高的难题。

具体来说，这需要我们做到。

1. 树立的目标是可操作的、具体的，而不是模糊的、抽象的

比如，你不能告诉自己，我要变得勤奋起来，而是要具体点，如我要在九月一日之前打扫和整理我的车库。

2. 树立的目标应该是务实的，而不是不切实际的

你要学会从小事开始养成习惯，而不要异想天开、过于理想化。比如，你不能告诉自己，我绝不再拖拖拉拉，而应该把目标具体化，如我会每天花一个小时时间学习数学。

3. 将你的目标分解成短小具体的目标

每一个小目标都要比大目标容易达成，小目标可以累积成大目标。你不应该告诉自己，我打算写份报告，而是，我今晚将花半小时设计表格。明天我将花另外半小时把数据填进去，再接下来一天，我将根据那些数据花一个小时将报告写出来。

4. 处理好时间问题

做事前先问问自己：这个任务将花去我多少时间？我真正能抽出多少时间投入其中？看看我什么时候可以开始做。上次那件事花的时间是否超出了

我的预期等。

5. 只管开始做

要想一下子做完整件事情，每次只要迈出一小步。记住：千里之行始于足下。

6. 利用接下来的15分钟

任何事情你都可以忍受15分钟。你只能通过一次又一次的15分钟才能做完一件事情。因此，你在15分钟时间内所做的事情是相当有意义的。而不是，我只有15分钟时间了，何必费力去做呢?

7. 为困难和挫折做好心理准备

当你遭遇到第一个（或者第二、第三个）困难时，不要放弃。困难只不过是一个需要你去解决的问题，它不是你个人价值或能力的反映。而不是：教授不在办公室，所以我没办法写论文了，干脆去看场电影。

8. 可能的话，将任务分派出去

你真的是能够做这件事的唯一人选吗?这件事情真的有必要去做吗？没有人可以什么事情都做——你也是。

9. 保护你的时间

学会怎样说不，不要去做额外的或者不必要的事情。为了从事重要的事务，你可以决定对“急迫”的事情置之不理。

10. 留意你的借口

不要习惯性地利用借口来拖延，而要将它看作是再做15分钟的一个信号。或者利用你的借口作为完成一个步骤之后的奖赏。而不是：我累了，或者是我饿了、很烦躁等，我以后再做。

11. 奖赏你一路上的进步

如果你实现了初步的计划，那么，你就应该奖赏自己，当然，你更应该关注自己的努力，而不是结果。

在做事的过程中，一些人总是表现出急躁的毛病，任何一件事，都是需要一些时间让它自然成熟。如果我们想一步登天的话，那只会遭到破坏性的阻碍。因此，无论如何，我们都要有耐心，先为自己制订一个可实现的小目标吧!

做好职业规划，目标明确才更有动力

任何人，都有人生的目标。身为职场人士，也应该有自己的职业目标，它是引领职业成功的关键。因为通过职业规划可以清楚地知道自己目前所在的位置，目前的职业与你的规划有怎样的偏差，它是否对你的职业生涯有帮助，你是否需要做出调整等。最重要的是，任何一个有抱负的职场人绝不会允许自己有拖延的习惯，从这一点看，我们也要为自己做好职业规划。

小陆已经是两年来第五次跳槽了。在这两年的时间里，她先后从事了性质不同的四份工作：民办学校的教师、教育机构的咨询员、办公器材的销售员、保险的推销员。这四份工作只有做教师与她的专业对口，其他都是在招聘单位急需用人，而她也急需工作的时候达成的，那时单位不考虑她的专业，她也不考虑工作的性质，只看薪水和招聘单位的承诺，只要薪水满意或者未来的薪水可以达到她的满意，她就做。

就这样，她就像走马灯的似的换了四家单位，换了四种工作。

这一次，小陆拿着她的中文简历找到一个猎头，希望猎头能为她翻译成英文的简历。她说她看好了一家各方面都不错的外资企业，薪水尤其诱人，所以想制作一份英文简历试试运气。

这位猎头一看这份简历，发现小陆还是她大学毕业时用的简历，只是在工作经历一栏多了几行字，也只有从工作经历里才能看出这不是一个应届毕业生。猎头摇了摇头。

看到猎头的反应，小陆其实也明白自己的工作经历没有什么说服力，所以在叙述工作经历的时候一笔带过，而且把自己的四次跳槽进行了排列组合，改成了两次。

单从小陆工作的种类上来看，她所从事的职业无疑是丰富的，经历也是复杂的。但是这种经历在质量上很难让人信服，实在是缺乏说服力。为什么会这样呢？因为她没有明确自己的职业目标，不知道自己要做什么，能做什么，最终导致了职业失去了方向。

小陆的经历说明，我们要掌握在职场的主动地位，最主要的就是要有一份职业规划。你需要明确制订未来三年、五年甚至十年二十年的职业目标，给自己的职业生涯一个定位。这就是职业规划的作用，它使你能时刻感知自己的存在。

所谓的缺乏职业规划，就是指职场人士在步入职场之前或者在职场中时，缺乏对自己能力和发展的明确认识，更没有认清自己所处的职场环境。很多职场人士，他们往往处于这种“不知己不知彼”的状态中，走一步算一步，不知道自己未来的走向如何，更不知道自己可以朝着哪个方向走。不少人连初始的职业选择都存在着困难，很多人不知道自己能干什么，适合干什么，喜欢干什么。其结果，必然导致做了一份自己不愿意做的工作，或者是做了一份不适合自己做的工作，可以想见，这样只会逐步使你失去工作热情，工作散漫和拖延，前途肯定堪忧。

那么，怎样才算有一个职业规划呢？

每个人都可以给自己的职业生涯进行一个规划，规划分成长期目标和短期目标。长期目标是指自己到达某一个年龄阶段时想到达的目标，而短期目标则是近期自己可以做到的程度。两种目标应该是协调一致的，具有可发展性。

同时，在制定目标之前，你首先要做的就是了解自己。一方面是了解自己的能力和特长，另一方面要了解自己的性格特点及兴趣爱好，看能否达到一个完美的结合。如果不能，那么应该偏向于哪个角度发展则需要自己的理性选择了。

为此，你需要做到。

1. 清楚地知道自己能做什么

这是基础，但喜欢做的事情却未必有机会去做，或者说，适合自己的事情未必有机会去做。比如，通过职业倾向性测试可以了解自己适合做什么行业，但是现实却未必能给自己这个机会。所以，自己的能力和特长才是进入职场的基础，也是和其他人竞争的实力所在。

2. 了解自己的兴趣

至于自己喜欢做的事情，可以作为长远规划来处理。

现代管理学之父彼得·得鲁克有一句话："我们大大高估了自己一年以后能够做到的事，却大大低估了五年以后自己可能做到的事。"

因此，对于那些有跳槽想法的职场人来说，你不妨先问问自己：五年之后、十年之后、二十年之后我的职业目标是什么？要达成这些目标，我还需要补充什么？意向中的那个职位究竟在哪些方面能帮助我提升？了解这些，也许对你职场前景的转换更有帮助。

审时度势，及时检查和修整你的目标

我们都知道，计划对于一个人的工作起着至关重要的作用。有了计划和目标，我们的行动才有指引作用。就连那些指挥作战的军事家，他们在战斗打响前，也都会制定几套作战方案；企业家在产品投放市场前，也会制订一系列的市场营销计划。我们学会制订计划，其意义是很大的，它是实现目标的必由之路。然而，计划是否完备、是否万无一失，是否在执行的过程中与原定目标逐渐偏离，还需要我们在做事的过程中经常检查。

可能你曾有这样的经历：当上级领导交代给你一件任务，你也为此做了精心的准备，制订好了实施方案，在整个执行的过程中，你一鼓作气，认为完美无瑕，而当你把工作成果交给领导时，却被领导批评这份成果已与原本的任务目标背道而驰。这就是为什么我们常常被上司、领导以及长辈教导做事一定要带着脑子，一定要多思考，以防偏差。我们先来看下面一个故事：

菲菲是一名高三的学生，还有三个月，她就要上"战场"了。这天周末，姨妈来她家做客，菲菲陪姨妈聊天，话题很容易便转到菲菲高考这件事上了。

姨妈问菲菲："你想上什么大学啊？"

“浙大。”菲菲脱口而出。

“我记得你上高一的时候跟我说的是清华，那时候你信誓旦旦说自己一定要考上，现在怎么降低标准了？菲菲，你这样可不行。”

“哎呀，姨妈，咱得实际点是不是，高一的时候，树立一个远大的目标是为了激励自己不断努力，但到了高三了，我自己的实力如何我很清楚，我发现，考清华已经不现实了，如果还是抱着当初的目标，那么，我的自信心只会不断递减，哪里来的动力学习呢？您说是不是？”

“你说得倒也对，制订任何目标都应该实事求是，而不应该好高骛远啊，看来，我也不能给我们家菲菲太大压力，让她自己决定上哪个学校吧。”

这则案例中，菲菲的话很有道理，的确，任何计划和目标的制订，都应该根据自身的情况和时间段，不切实际的目标只会打击我们的自信心。诚然，我们应该肯定目标的重要意义，但这并不代表我们应该固守目标、一成不变，很多专家为那些求学的人提出建议，要不断调整自己的目标。也许你一直向往清华北大、一直想能排名第一，但是根据第二步的分析，如果这些科目经过努力仍无法提高的话，就应该调整自己的目标，否则不能实现的目标会使你失去信心，影响学习的效率，因此有一个不切实际的目标就等于没有目标。

其实，不仅是学习，在工作中，我们也要及时调整自己的计划，做事不能盲目，工作的第一步应该是明确自己的目标，有目标才会有动力，有了动力才能够前进。但在总体目标下，我们可以适当调整自己的计划，这正如石油大王洛克菲勒所说的：“全面检查一次，再决定哪一项计划最好。”任何一个初入职场的年轻人都应该记住洛克菲勒的话，平时多做一手准备，多检查计划是否合理，就能减少一点失误，就会多一份把握。

在做事的过程中，当我们有了目标，并能把自己的工作与目标不断地加以对照，进而清楚地知道自己的行进速度与目标之间的距离时，我们的做事成果就会得到维持和提高，自觉地克服一切困难，努力达到目标。

的确，思维指导行动，如果计划不周全，那么，就好比一个机器上的关键零件出问题，那就意味着全盘皆输。一位名人说得好：“生命的要务不是超越他人，而是超越自己。”所以我们一定要根据自己的实际情况制定目标，跟别人比是痛苦的根源，跟自己的过去比才是动力和快乐的源泉，这一点不光可以用在工作上，在以后的生活中都用得着，这对你们的一生将会产生积极的影响。

另外，计划里总有不适宜的部分，对此，我们需要及时调整。也就是说，当计划执行到一个阶段以后，你需要检查一下做事的效果，并对原计划中不适宜的地方进行调整，一个新的更适合自己的计划将会使今后的工作更加有效。

因此，你可以把自己的目标细化，把大目标分成若干个小目标，把长期目标分成一个个阶段性目标，最后根据细化后的目标制订计划。另外，由于不同的工作有不同的特点，所以你还应根据手头任务制订细化的目标。细化目标也能帮助我们及时调整自己的目标。

总之，我们应该根据自己的实际情况，制订一个通过需要自己的努力能够实现的目标，并且目标的制订不是一成不变的，要根据实际情况不断进行调整。经过一段时间的实践，你一定能够确定一个给自己带来源源不断动力的目标。

找到“焦点”，一针见血解决问题

在做事时，我们常常提到效率一词，那么，什么是效率呢？所谓效率，是单位时间内完成的工作量。然而，衡量我们做事成绩的，并不是效率，而是效能，效能是效率、效果，效益是衡量效能的依据。也就是说，效能比效率要重要得多。我们所说的克服拖延症的目的也就是提高效能。然而，我们经常看到的是，为了提高做事效率，人们会建立一套完备的时间管理体系，制订大量的工作目标、操作准则和行为标准，而事实上，我们的行为正是被这些所谓的规划约束了，工作效能却降低了。

海尔总裁张瑞敏说：“我感觉在企业里最难的工作就是把复杂问题简化，如流程再造就是简化流程。但为什么做起来很难？关键是领导！领导只要看不到问题的本质，就简化不了流程。就事论事，会越办越复杂。”原通用电气董事长兼CEO杰克·韦尔奇先生曾经就管理问题提出一点：“管理效率出自于简单。”张瑞敏和杰克·韦尔奇先生的这两句话不仅适用于管理工作，更适用于人类的思考活动。

生活中的人们，在学习和做事的过程中，只有做到化繁为简，摆脱传统思维的限制，才能一针见血找到问题的关键。

有这样一个有奖征答活动，题目是：一次，三个人一起坐热气球旅行，这三个人都是关系人类命运的科学家。第一位是核子专家，他有能力防止全球性的核子战争，使地球免于遭受灭亡的绝境。第二位是环保专家，他可以拯救人类免于因环境污染而面临死亡的厄运。第三位是粮食专家，他能在不毛之地种植粮食，使几千万人脱离饥荒而亡的命运。但旅行到一半旅程，却发现热气球充气不足。就在那一刻，热气球即将坠毁，必须丢出一个人以减轻载重，使其余的两人得以存活，请问该丢下哪一位科学家？

因为奖金数额庞大，征答的回信如雪片飞来。每个人都竭尽所能地阐述他们认为必须丢下哪位科学家的见解。最后，结果揭晓，巨额奖金的得主是一个小男孩。他的答案是：将最重的那位丢出去。

我们在赞叹小男孩的答案时，也不难得出这样一个结论：任何复杂的现象，其复杂的也只是表面，其实都有其一般性的规律，都可以找到简单的分析、处理方式。这就是化繁为简的过程，这个过程就是找寻规律，把握关键。同样，管理工作也需要化繁为简，当然，简单管理不是粗糙管理，而是找到规律，形成自然秩序。

你是不是曾经有过这样的做题经验：你遇到一道数学题，你告诉自己一定要演算出来，当你算出结果的一刹那，你发现，原来答案和题目之间只要进行一个简单的思维转换就可以，而你在这道题上却花费了很长时间。试想一下，假如这是一道考试题，那你是不是浪费很多时间呢？

因此，从生活中，你就要训练自己凡事从简出出发的习惯，在做题和做事时，都问问你自己："还能简单点吗？"找到最简单的方法，你做事的效能也就快多了。

然而，要把复杂的事情简单化绝非易事，需要我们进行一次彻底的心理革命，尤其是要调整自己看待问题的眼光，也就是一针见血地捕捉问题实质的能力，从而较快地寻找到时间管理的本质和规律，掌握化繁为简、以简驭繁的思想和技巧，深刻认识管理的核心要义。

具体来说，你需要做到：

1. 把握关键

这需要我们有发现规律的眼光，找到事物的本质，然后以战略的眼光去感知、把握和运用规律，这样，就能运筹帷幄。

2. 集约高效

真正高效的、简单的运作才是有意义的，因此，你需要把复杂的问题简单化，在多类矛盾中驾驭主要矛盾，提高效率。

3. 简中求变

你必须学会不断创新，以适应激烈的职场竞争。

另外，我们还需要注意的是：化繁为简并不是说可以不注重基础与细节。

每个人在做事和学习时都应该养成孜孜不倦、一丝不苟的习惯，注重细节很重要。因此，我们这里说的思维上化繁为简并不是要做事投机取巧，只是应该摒除烦琐思维的限制而已。

可见，"简化管理"并不是"不"管理或"懒"管理，而是一种追求系统化、规范化、细节化、流程化的管理思维和实践，在复杂精细和简单实用之间找到一个有机的结合点，跳出"为管理而管理"的怪圈，实现由"高效率"到"高效能"的转变。

总之，聪明的人会在最短的时间内，在花费最少精力的前提下解决问题，如果你也能训练出这样的思维，就能少走很多冤枉路。

统观全局，做事游刃有余不拖延

只有你留意，就能经常看到这样一些人，他们整天都像风一样从这个地方到那个地方，表面上看起来，他们什么事都要做，即便在两件事的空当时间，他们也不能休息，可是到头来却发现，他们似乎什么都没处理好，还是一堆烂摊子，陀螺般地转了半天还在原地没有动弹。一事无成不说，连最基本的生活也打理不好，事业没做成，家人没顾上，朋友也没怎么联系，连运动也很少做……其实他们和拖延者并无区别，因为他们一旦发现行动方向有误，就会陷入糟糕的情绪中而延误时间。细究起来，这些人之所以会忙的毫无头绪，就是因为他们什么都想抓住，只关注事情的“点”，而没有从全局的角度把控事情。

事实上，做事高效率的人都有战略性的眼光，在做事之前都会统观全局，进而做到游刃有余地进行工作，他们在找到行动的方向后都立即着手、绝不拖延，进而能抢占市场先机。这是一个真实的故事：

方先生是深圳一家小公司的总经理。金融危机期间，他的小公司不但没有倒闭，反而业务量聚升。这一点，让很多同行产生了巨大疑问。

一次和朋友聚会时，席间一个同行经销商谈到他们的业务主要在深圳和珠江三角洲一带，金融危机对它们企业的影响很大。

“您的公司如何？”

方先生说：“受到美国金融风暴影响海外定单确实减少，不过因为内地客户受金融风暴影响小，反而通过网站为企业带来了稳定的订单。”

这位经销商豁然开朗，要求看看方先生网站是个什么样子。由于这家公司是生产连接件产品，该产品比较细小，他们便在对网站策划时特别增加了产品放大镜功能，能帮助访问者更加详细地了解产品的细节，在使用恰当的推广方法后，为方先生的公司带来了理想的业务量。

在人人自危的金融危机期间，方先生的小公司为什么能岿然不动？这得益于他利用企业网站和网络营销的帮助。可以说，方先生就是一个懂得在大形势下总揽全局的人，他的做法能为其他企业指明新的发展道路。

我们都应该学会用战略的眼光看问题，树立战略观念，才能让我们从大处着眼，避免眉毛胡子一把抓和延误时间的问题。所谓战略就是指重大的带有全局性或决定性的谋略。战略观念的核心问题就是如何处理长远利益和眼前利益、局部利益和全局利益的关系问题。正确的战略观念来自实践，事物是不断发展的，所以战略观念离不开发展。战略观念和“因循守旧”“不求进取”，是相互对立的。

事实上，人们常常一叶障目、做事没重点，主要是因为以下三点原因：

（1）喜欢以经验代替思考，尤其是遇到有前例之事时，他们往往欠缺考虑，认为一种方法偶尔可以帮助他们躲过问题，但总有失灵的时候，有那么一天，你的经验可能是错误的。

（2）方案甚多、必须择其一时，欠考虑。一连出现好多方案，看来，每个方案都有其可取之处，于是，他只好随便选择一个。

（3）时间紧急时，草草作出决定。遇到此类非常状况，他已经没有时间再找出前例，必须果断作出决定，向部属有所指令。如果缺乏这种能力，就会招来措施不对、混乱更大的结果。

一般情况下，不能做出正确的判断结果的人，多半原因都是无法站在广泛、全局的角度去判断一件事。

我们要提高战略思维能力，树立全局观，应注重抓住以下几个问题。

1. 注重理论武装，以丰富的理论修养与知识素养作支撑

很难想象，一个没有理论思维的人，能总揽和驾驭全局。而提高理论思维能力的根本途径就是学习，要通过学习强化知识武装。

2. 注重信息扩展，开阔想问题、做决策的眼界和空间

在当今知识、信息大爆炸的时代，信息已成为最重要的战略资源，它可以被提炼成知识和智慧，因而在战略问题的研究中越来越具有突出作用。我们要对事关全局的重大问题进行战略思维，必须以了解和掌握大量的信息为前提，这样方可开阔眼界，启发思路，作出具有远见卓识的行动决策。

事实证明，一个人了解、掌握的信息量越大，知识面越广，思辨鉴别能力就越强，工作就越能得心应手、应对自如，从而真正做到讲政治、谋大

局、抓大事。

3. 强化全局观念，培养凡事谋全局的思维习惯

树立全局观必须一事当前想着全局，思考问题、筹划工作，应依据全局的方针、政策、原则指导局部，切实吃透上头的，摸清下头的，形成自己的，创造性地抓好落实。坚持局部服从全局，在培养凡事谋全局思维习惯的同时，要注重谋略锻炼。

4. 强化求真务实，在实践中确立全局观

"没有调查研究就没有发言权""没有调查研究就没有决策权"这两句话，充分说明了一个人如果不知道、不重视实践就会在战略上丧失主动权。鉴于此，做事前必须通过各种途径和手段力争了解和掌握多方面的信息。

总之，我们若想成为充分利用时间工作、不"瞎忙"的人，就要提高战略思维能力，同时，最重要的一点是，一旦我们的行动有了方向，便产生了立即去做的动力。

第12章 时间管理的心理策略：看重时间终结拖延恶习

人的一生，短短几十载，生命是有限的。如果我们浪费时间，工作和生活总是被那些琐碎的、毫无意义的事情所占据，那么我们就没有精力去做真正重要的事情了。实际上，拖延者的时间也就是这么被浪费的。也就是说，防止拖延症的最好的方法之一就是做好时间管理工作。如果我们能充分利用自己的时间和精力，绝对可以作出更有价值的事情来。

拖延者必须学会时间管理

“一寸光阴一寸金，寸金难买寸光阴。”这是古人常告诫人们要珍惜时间的警言，孔老夫子也曾喟然长叹：“逝者如斯夫，不舍昼夜！”事实上，中国人是世界上最早认识时间之重要性的。

然而，对于那些拖延者而言，他们之所以会有做事拖拉的习惯，最主要的原因之一还是没有明确的时间观念。也有一些拖延者，他们总说自己很忙，你真的很忙吗？还是因为你没有时间意识，不懂得规划？“磨刀不误砍柴工”，没有时间意识的人，只会在那些毫无头绪的事情上拖延时间。

从前，有一位富翁，他买了一幢豪华的别墅。自打他搬进新家的第一天起，他就发现，总有个陌生人从他的花园里搬走一只箱子，然后装到卡车上拉走，他还来不及拦住，对方就已经开车走了，但车开得很慢，他边追边喊，最后，卡车停在了城郊的峡谷旁。

陌生人把箱子卸下来扔进了山谷。富豪下车后，发现山谷里已经堆满了箱子，规格式样都差不多。他走过去问：“刚才我看见你从我家打走一只箱子，箱子里装的是什么？这一堆箱子又是干什么用的？”

那人打量了他一番，微微一笑说：“你家还有许多箱子要运走，你不知道？这些箱子都是你虚度的日子。”

“什么日子？”

“你虚度的日子。”

“我虚度的日子？”

“对。你白白浪费的时光、虚度的年华。你朝夕盼望美好的时光，但美好时光到来后，你又干了些什么呢？你过来瞧，它们个个完美无缺，根本没有用，不过现在……”

富豪走过来，顺手打开了一个箱子。

箱子里有一条暮秋时节的道路。他的未婚妻踏着落叶慢慢走着。

他打开第二个箱子，里面是一间病房。他的弟弟躺在病床上等他回去。

他打开第三只箱子，原来是他那所老房子。他那条忠实的狗卧在栅栏门口眼巴巴地望着门外，已经等了他两年，骨瘦如柴。富豪感到心口绞疼起来。陌生人像审判官一样，一动不动地站在一旁。富豪痛苦地说：“先生，请你让我取回这三只箱子，我求求您。我有钱，您要多少都行。”

陌生人摇了摇头，然后说：“太迟了，已经无法挽回。”说罢，那人和箱子一起消失了。

这个寓言故事告诉我们，我们永远也无法留住时间，它会在不经意间溜走，而当你觉醒时，已经晚了。

有人曾说：“今天为一分钟而笑的人，明天将为一秒钟而哭。”任何人尤其是拖延者，必须要开始学会时间管理。

海尔总裁张瑞敏推行一种被命名为“OEC”的管理方法。“OEC”管理法的含义就是当天的事情必须当天完成，不可拖延，这样才能有所提高。“OEC”管理法由三个体系构成：目标体系、日清体系、激励机制。首先确立目标；日清是完成目标的基础工作；日清的结果必须与正负激励挂钩才有效。

实际上，拖延并非人的本性，它是一种恶习，一种可以得到改善的坏习惯。这个坏习惯，并不能使问题消失或者使解决问题变得容易起来，而只会制造问题，给工作造成严重的危害。成功者从不拖延，而他们中的大多数人只是发挥了本身潜在能力的极少部分，因为他们对工作的态度是立即执行，所以把握了成功。那么，为什么我们还要逃避现实，还要忍受拖延造成的痛苦呢?

可见，任何一个拖延者都应该认识管理时间的重要性，并在日常工作和生活中有意识地学习。如果我们把空余时间花费在无所事事上，那么它既不会有利于我们，也不会给我们的人生带来益处。对此，你可以这样做:

1. 以较小的时间单位办事

这样有利于充分安排和利用每一小点时间，一时节约的时间和精力或许不多，但长期积累，可节约大量的时间。

许多科学家、企业家、政治家办事常以小时、分钟为单位，而一般人常以天为时间单位。这就是成功者的决窍。

2. 多限时

人的心理很微妙，一旦知道时间很充足，注意力就会下降，效率也会跟着降低；一旦知道必须在规定时间里完成某事，就会自觉努力，使得效率大大提高。所以，你可以充分发挥自己的潜力，多给自己限时办事或者学习的机会。

因此，从现在开始，你用“立即执行”的好习惯取代“拖延”，这样，你就能不断积累知识。并且，马上行动可以应用在人生的每一阶段，帮助你做自己应该做却不想做的事情。对不愉快的工作不再拖延，抓住稍纵即逝的宝贵时机，实现梦想。

“20／80时间管理法”让你的时间增值

不难发现，对于一些拖延者而言，他们总是在抱怨工作太忙，而事实上，他们一直在忙于做一些毫无成效的事情，比如，在办公室看电视、上班时间打长时间的电话等，如果你也是如此，那么，你必须要调整自己的工作状态，因为完成了那些不值得做的事情是不会给你的生活带来任何成功的。只有集中精力完成那些值得去做的事情，才会高效地完成工作。

无论何时，如果你为一些错误的事情而工作，那么无论你做了多少其实都是在拖延时间。如果说有某种必须遵循的法则能帮助你把生活调整到一个良好的平衡状态，那么它就是一百多年前由意大利经济学家帕累托发现的80/20法则。维尔弗雷多·帕累托提出：在任何特定群体中，重要的因子通常只占少数，而不重要的因子则占多数，因此只要能控制具有重要性的少数因子即能控制全局。当然，习惯上，二八定律讨论的是顶端的20%，而非底部的80%。

同样，在我们手头所需要处理的事情中，真正能起到作用的或重要的也只是少数，因此，你需要在可以利用的时间里尽最大努力去工作，在最重要的事情上竭尽全力，而不要在不重要的事情上浪费精力。“学会在几件真正重要的事情上力争上游，而不是在每件事情上都争取有上乘表现的人，可以使他们自己的生活发生根本的变化。”什么工作都要抓，往往可能导致什么也做不到。

根据80/20原则，我们可以看出，人如果利用最高效的时间，只要20%的投入就能产生80%的效率。相对来说，如果使用最低效的时间，80%的时间投入只能产生20%效率。一天头脑最清楚的时候，应该放在最需要专心的工作上。与朋友、家人在一起的时间，相对来说，不需要头脑那么清楚。所以，我们要把握一天中20%的最高效时间专门用于最困难的工作中。

威廉·穆尔是美国著名的企业家，他曾经在为格利登公司销售油漆时，头一个月仅挣了160美元。

随后的一段时间，他仔细研究了犹太人在从商上经常用到的“二八法则”，然后再将这一法则运用到自己的销售情况中，并分析了自己的销售图表，发现他80%的收益却来自20%的客户，但是他过去却对所有的客户花费了同样多的时间——这就是他过去失败的主要原因。

于是，他要求把他最不活跃的36个客户重新分派给其他销售人员，而自己则把精力集中到最有希望的客户上。不久，他一个月就赚到了1000美元。

穆尔学会了犹太人经商的二八法则，连续九年从不放弃这一法则，这使他最终成为凯利–穆尔油漆公司的董事长。

此处，我们看到的是，花费20%的时间和精力就能得到80%的回报。80/20法则告诉我们绝不要将自己的时间和精力浪费在那些琐碎的事情上，也就是要抓住主要矛盾。毕竟，无论是谁，精力都是有限的，要做到面面俱到或者照顾到每一件事几乎是不可能的，这就更需要我们懂得合理分配时间和精力的重要性。

根据二八法则，我们在时间管理中，可以总结以下两点：

1. 始终把精力放到最重要的事上

在生活中，不管是工作、学习、人际关系等，你只做重要而且是必要的任务。以不同的职业为例：

如果你是一名销售人员，你的优先顺序就是打电话约见客户，然后准备销售的工具以及材料，到客户那去，向客户介绍产品，最后签订订单。

如果你是一名销售经理，你的工作可能就是把产品的知识传授给属下，统计整个单位的业绩，走访一些重要的顾客，把下级的一些意见反映给上级等。

如果你是一名职业经理人，你的工作大部分时间应该用在规划、组织、用人、指导、控制上。

所以每一个人，因为他工作的角色不同，只做重要及必要的任务。

2. 集中精力，全力以赴

每个人的角色不同，应根据当时的状况设定目标，并以每一次能够最完美的完成目标为原则，这样在计划周期结束时，每个人至少都处理了重要事情。

从这里，我们能看出设定优先顺序的好处，优先顺序就是决定哪件事情必须先做，哪件事情只能摆在第二位，哪些事情可以延缓来处理，即要有意识地设定明确的有限顺序，以便执着、系统地依照这个顺序处理计划里的任务。

四象限法帮你提高做事效率

我们都有24小时，不多一分，也不少一秒，时间是最为公平的，如果你不合理利用，生命就在不知不觉间浪费了。然而，对于那些拖延者来说，他们最苦恼的问题就是如何管理时间和提高做事效率。当然，不只是拖延者，每个人每天都要面临很多事，我们只有做好时间管理工作，将24小时进行合理分配，将每天的事情按照轻重缓急进行划分，才能提高做事效率，让时间增值。

为此，效率专家向我们推荐四象限法。

对一些拖延者而言，他们总是不善于管理时间，认为划分时间的标准是按照事情的紧急程度，最紧急的事情放到第一位，然而，接下来，就会出现一种奇怪的现象，一些人每天会忙于那些急事，也就是到处“救火”，在他们看来，他们做了很多很有价值的事，很有成就感，然而这种做事的方法好不好，这种“忙”越多就表示收获的结果越多吗？答案是否定的。因为即便是紧急的时，也有重要与不重要的区分，也有可做可不做的，一直在忙些不重要的，也可以不做的紧急事件，是没有多少价值可言的，如果将宝贵的时间都浪费在这些事件上，那么，即使你24小时不休息，也并不会取得多少成果。

事实上，很多拖延者的时间就是这样被浪费掉的，他们也一直在寻求可以更好地规划时间的方法。于是，美国的管理学家科维提出了著名的“四象限”法，这个方法把工作进行了更为细化的划分，分为四个象限：既紧急又重要、重要但不紧急、紧急但不重要、既不紧急也不重要。

按处理顺序划分：先是既紧急又重要的，接着是重要但不紧急的，再到紧急但不重要的，最后才是既不紧急也不重要的。

在“四象限”法的运用中，我们最需要注意的是第二类和第三类的顺序问题，很容易混淆。另外，也要注意划分好第一和第三类事，都是紧急的，分别就在于前者能带来价值，实现某种重要目标，而后者不能。

接下来，我们对这一方法进行更为细致的了解和分析。

1. 第一象限重要又急迫的事

这类事情有如客户投诉、即将到期的任务、财务危机、治病求医等。这类事件，一般来说，也是不易处理的，考验的是我们的经验、判断能力和应变能力，如果拖延的话，那么，事情就有可能变得更难处理甚至无法处理。

2. 第二象限是重要但不紧急的事

这类事情有工作规划、问题的预防和发觉、参加学习等，如果将这个领域荒废，就有可能导致事情逐渐移至第一象限，使得我们的工作压力加大，甚至无法挽回。事实上，很多重要又紧急的事都是经过了这样一个量变的过程。只有做好事先的规划、准备好预防措施，才能避免很多急事的产生。

3. 第三象限是紧急但不重要的事

这里，最需要注意的是一定要与第一象限区分。你可能会产生错觉，认为这一象限的事也很“重要”，但你要记住，这只是别人的重要的，而不是你的。电话铃声、不速之客、部门会议都属于这一象限。很多时候，人们为这些事忙得焦头烂额，却只是一直在为别人“效劳”。

4. 第四象限属于不紧急也不重要的事

从某种程度来讲，一个人要是总为这些事忙碌，那就是浪费生命了。比如上网、闲谈、邮件、写博客等。实际上，这类活动并不是愉悦身心的休闲活动，反而会让人们感到空虚。

经过对四个象限的了解，现在你不妨回顾一下上周的生活与工作，你在哪个象限花的时间最多？请注意，在划分第一和每三象限时要特别小心，急迫的事很容易被误认为重要的事。其实二者的区别就在于这件事是否有助于完成某种重要的目标，如果答案是否定的，便应归入第三象限。

你是否经常感觉到自己天天忙，并且忙得毫无头绪？你是否因为工作效率低而总是在拖延？那么，请认真领会时间管理的四象限法，它会让你的工作变得高效，让工作不再是负担。成就高效的卓越管理者就在于实践时间管理的四象限工作法。

将那些零碎时间串联起来

随着时代的进步，人们对时间的意识和控制也越来越强，拖延者也在努力寻找自己的做事效率低下的症结所在。但无论如何，善于管理时间的人绝对不会浪费一分钟的时间。实际上，那些常被拖延者忽视的零碎时间，如果我们能将它们串联起来，是能发挥很大的效用的。

著名的海军上将纳尔逊，曾发表过一项令全世界懒汉瞠目结舌的声明："我的成就归功于一点：我一生中从未浪费过一分钟。"达尔文说："我从来不认为半小时是微不足道的一段时间。"雷巴柯夫曾说："用分来计算时间的人，比用时计算时间的人，时间多59倍。"

人们常说，时间往往不是一小时一小时浪费掉的，而是一分钟一分钟悄悄溜走的，每个人的一天只有24个小时，所以应该珍惜时间去充实自己。的确，一个人如果认识到时间的重要，感到时间的紧迫，就会自觉地去利用零碎时间。古往今来，一切有成就的人都是善于管理时间的高手。

东汉时，有名学者，名叫董遇，幼年时代就痛失双亲，但他仍然孜孜不倦地学习，只要有闲余时间，他都会学习。他曾经说："我是利用'三余'来学习的。""三余"，即"冬者岁之余，夜者日之余，阴雨者晴之余。"也就是说在冬闲、晚上、阴雨天不能外出劳作的时候，他都用来学习，这样日积月累，终有所成。

时间是构成生命的材料，谁了解生命的重要，谁就能真正懂得时间的价值。我们最宝贵的生命不过是几十年，而生命是由一分一秒的时间所累积起来的，时间是永远无法返回的。而"事情就怕加起来"这一古老的谚语也是说的这个道理。一切在事业上有成就的人，在他们的传记里，常常可以读到这样一些句子："利用每一分钟来读书。"

对时间计算的越精细，事情就做得越完美，无论是学习还是做事，如果你能以分为单位，对那些看起来微不足道的零碎时间也能充分加以利用，就能有所收获。

而从另一个角度来看，与零碎时间相比，大块时间的脑力劳动其实更容易导致疲劳的积累，使工作效率受到很大影响。

以学习为例，零碎时间的学习能保持大脑的兴奋状态，效果极佳。而且，如果你致力于学习，那么，利用零碎时间学习一些必须熟记的生词、公式、规则等，有利于反复记忆，加深印象。利用零碎时间的技巧很多。比如，我们可以准备一个随身携带的小本子，记上要背的单词和知识点，有空就读一遍；在起床、洗脸、刷牙、就餐等活动场所的墙上，钉上一个和视线等高的小夹子，夹上一张卡片，卡片上写上当天要背的单词、公式等；还可运用录音机，把要背的知识内容录下来，吃饭、洗脚的时候都可以听。总之，利用零碎时间反复记忆，不仅会明显提高学习效率，还能培养分秒必争的好习惯。

不得不说，现代社会压力大，由我们自己自由支配的大块时间很少，因此，赢得时间就十分重要了。

事实上，拖延者总是习惯于寻找任何可以偷懒的时间，因为他们认为那些零散的时间没什么用处，其实这些时间看似很少，但集腋能成裘，几分或几秒的时间，看起来微不足道，但汇合在一起就大有可为。

也许现在你已经发现自己每天有很多时间流失掉了，例如等车、排队、走路、搭车等，可以用来背单词、打电话、回邮件等。每个人的时间都一样，但是善于利用零碎时间的人，就能得到更多的益处。具体来说，把零碎时间充分利用起来，需要我们做到。

1. 善于利用等待的时间

可能我们每天都会有这样一些时间是处在等待中的，比如，等车、排队等。等待会让人觉得很无聊，如果你拿出平常准备的问题本，进行回忆和思考，如果经常这样，你的记忆力就会提高。

2. 善于利用走路或坐车的时间

不少人上班都是乘坐公交车，在这段时间，你可以思考一些工作中遇到的问题，也可以听一些英文单词，关键是要有问题意识和善于思考的习惯。

3. 善于利用睡觉前的时间

你可能也发现，当你躺上床之后，进入睡眠状态还需要一段时间，此时，你可以将这一天做的事、学习情况在大脑中过一遍，起到回忆和思考的作用。

如果坚持每天读十页文章，哪怕坚持读一页，一年就是三百六十五页，十年即三千六百五十页呢；但是如果你每天落后别人半步，一年后就是一百八十三步，十年后即十万八千步啊！可以说，人的潜力很大，善于利用零碎时间，通常不会影响心身健康，但却可以有效地提高做事效率，何乐而不为呢？

善用高科技工具为自己节约时间

相信不少人已经认识到拖延的负面影响和做好时间管理对解决拖延症的重要性，然而，面对忙碌的工作和生活、激烈的职场和社会的竞争，不少人迫切需要一套适合自己的时间管理方法和管理工具。你是不是有这样的习惯：晚上睡觉前，你会把第二天要采购的物品贴在冰箱上；或为了让全家人吃到更特别的食物而在电脑上百度那些食谱；再或者为了一份文件而亲自跑去客户公司……这些方法并没有错，但有时候不但没有帮助我们做好时间管理，反而浪费了我们的时间。随着时代的进步，善于做时间管理的人已经学会了使用高科技工具来协助自己工作。我们先来看下面的故事：

珍妮和卡尔是已到中年的一对夫妻，卡尔是一名机械厂的技师，他的工作时间几乎都是在晚上。而妻子珍妮有两份工作，一份是化妆品直销代表，另一个是一个女性心理辅导团体的负责人。他们有两个孩子，一个15岁，一个10岁，都在学校上学。

卡尔经常抱怨自己太累了，夜班12小时实在不是人做的工作，黑白颠倒不说，而且生活没有趣味，自己的时间一点也没有了。而珍妮则很生气，因为她的丈夫确实是个健忘的人。珍妮说，我觉得自己老得在后面催着他，他说行行行，然后又忘记了，我只能再说一遍，这种感觉很不好。

每天早上，当珍妮和孩子们一起床，家里就开始乱哄哄的，珍妮要为孩子们准备早餐、整理书包，还要帮卡尔洗夜班换下来的衣服，然后为丈夫定闹钟，提醒他起来吃饭，再接着，她还要自己梳洗、化妆，再送孩子们出门……一早上实在太忙了。

后来，珍妮经一个同事推荐，接触了一个共用的线上家庭管理系统，可以作为日历、记事本和通讯工具；另外，珍妮使用一个日用品购买软件。她说，每天傍晚下班的时候，网上超市的人会把已经买好的东西送过来，这种感觉实在太好了，我现在也可以同时做几件事，还能更好地享受家庭生活。他们的大儿子说，妈妈用了这些工具后唠叨少了，让全家人有更多的时间谈论彼此生活中发生的事情。

现在，珍妮和孩子们每天晚上睡觉前都会在电脑上查看日历，看第二天有什么任务和活动要做。当然，他们每个人都有自己的日历，上面只显示与自己相关的资讯。

珍妮说，自从用了日程提醒程序后，很多事都被立即执行了，没有了拖延也就没有了争吵，她和丈夫的婚姻似乎也减少了压力。曾经有一次，她明明在早上出门前提醒丈夫替她去接孩子放学，但是卡尔还是忘了，这把珍妮气坏了，但现在就不同了，这项程序会在任务开始之前一个小时就自动发短信去提醒卡尔该做什么了。卡尔也说，自己的记忆力好像都变好了。

贝希是珍妮的好朋友，她在德克萨斯州买了一所大房子，她的丈夫在外工作，她的主要精力就都放在了孩子和丈夫的饮食上，但这也是她最头疼的问题，在得到了珍妮的推荐后，最近，她注意到一个菜谱规划网，上面不但有各种菜式的介绍，还有其他主妇的心得，从前，她每周要花两小时浏览各种网站和美食书籍，寻找晚餐的灵感。而这个网站能生成整整一周的食品采购清单，这使她每周花在准备做饭上的时间减少到15分钟。

看完珍妮一家的生活经历后，你是否也有这样的冲动——撕掉冰箱上的便利贴？我们是高科技社会的人，理应成为依靠科技应用程序的受益人，它可以帮助我们从管理时间之苦中解脱出来，让我们可以更好地控制生活。

不知你有没有发现，我们似乎总是有一大堆事情要办，但似乎并没有办好，时间总是在不断延后，时间永远都不够，为何不尝试运用新的高科技手段来对自己的时间进行管理呢？

你不妨试试通过视频与你的领导进行工作沟通，通过烹饪网站帮助你做出更美味的食物，不妨让线上共用日历帮你做出更人性化的安排。也有一些人提出质疑，他们称通过科技手段来管理家庭生活会有把每个人变成机器人的风险，但我们不得不说，对于大多数的上班族们来说，高科技工具让他们感觉更自如。

如何规划好你的每一天

时间是最宝贵的资源，合理安排时间就是“预算”生命。你若希望高效地做事，就应该根据自己的工作和生活，对时间作出总体安排。

我们暂时先将长期目标搁置，现在来回忆，你每天的时间都是怎么安排的？

我们不妨以四个问题为线索来寻求答案。

第一个问题是：在你的待办事项中，有哪些是必须做的？

也就是说，这些是必要的、无法删除的日常活动，比如吃饭、睡觉，虽然你也可以想办法减少花在这些活动上的时间，但你无论如何都不可能完全取消这些活动。另一方面，除非你非常独立、非常富有，或者是你有特殊的收入来源，否则，你就必须参与社会工作，以此来保证自己的生活所需，比如购买食物、添置衣物住房等生活必需品。这也就是说，吃饭、穿衣、交通以及工作等至少会占用你一定的时间。

第二个问题是：你的常规性事务有哪些？

起床、看邮件、读报纸、参加工作例会、保持办公区域整洁、看电视、洗盘子、开车接送孩子……这些工作量的多少完全取决于你在你的组织、家庭和你的社交圈当中的位置。

平时你根本不会去花费太多心思考虑这些活动，但它们却占用了你大量时间。事实上，很多人一辈子都在为这些事情忙个不停。

家庭主妇也经常会遇到这些情况。她们经常会很努力地做好自己的本分工作，结果却发现自己虽然终日忙忙碌碌，却始终没有相应的成就感。

第三个问题是：你的遗留事务都是什么？

事实上，大多数人每天的活动内容都是由自己当前正在处理、但还没有完成的工作决定的：比如你昨天、上个星期或者是上个月开始的某个项目。我们常常并不想做什么事，但却身不由己，比如，我们原本准备在晚上写一些随笔，但却接到电话，不得不参加曾经允诺过的一个朋友聚会。

第四个问题：也就是一些意外事情。

那些意外的事情通常都会让你感到不快，也会占用你的时间。设想一下，头一天晚上，你事先定好了闹钟，但早上你一睁开眼睛，却发现闹钟没电了，你也因此晚起了，结果你迟到了两个小时才到办公室，而你本来打算提前到15分钟，把昨天没有完成的工作补完的。不仅如此，到了办公室之后，你发现琼斯先生已经打来了五个电话，抱怨说他至今没有收到你昨天答应送给他的文件，所以你不得不立即打电话到快递公司问问情况，然后发疯一样地督促他们抓紧时间……

再比如，你原本五点半下班，但老板拖到六点才放你走，你的孩子正在幼儿园等你接回家，你不得不打电话给你的爱人，但此时的他（她）正在加班，于是，你们为谁接孩子的事吵了一架，此时你还不得不往幼儿园赶，谁知道，赶在下班高峰期的你堵在了路上，你的心情无比烦闷……

不难想象，我们每天的生活都是被这些必要的活动，常规任务，遗留工作，以及我们刚刚谈到的意外情况充斥着，对于大多数人来说，他们终日纠缠于这些事务当中，一辈子也不可能找到足够的时间来实践自己的人生目标。要想避免这种情况，你首先需要分辨出那些浪费时间的活动，并通过停止这些活动来为自己挤出更多的时间。要想实现那些对你来说真正重要的人生目标，你只有一种途径：认真规划每一天的时间。

当然，这份计划也不可过于理想化，因为我们做规划的目的是让生活更有计划性，而不是被时间牵着鼻子走，如果你整个生活都在被时钟控制，会变得毫无生趣。相比之下，如果能够在安排日程的时候为自己留出一些自由时间，你就会感觉自己对生活有了更多的控制，每天的工作和生活也就会感觉更加顺畅。

双休日连轴转实不可取

我国实行双休日后，无疑给上班族们创造了更广泛的、可自己支配的空间，每年52个双休日就是104天时间，这是一个不小的数目，然而，现代都市，白领们周末加班、连轴转的现象实在不少，工作了五天之后还要继续“奋战”，很多人都感到身心俱疲，实际上，疲劳状态下进行的工作是效率低下甚至是毫无效率的。并且，如果我们带着疲惫的身体继续进入第二周的工作，那么很容易因为身心疲惫而导致行动迟缓。对于拖延者来说，他们通常会陷入这种恶性循环中。

那么，我们该怎样安排自己的双休日呢？

1. 适当安排时间进行周工作总结、安排下一周的工作，每天不少于2小时。

2. 晚上看电视、上网等不要超过21点再休息，要养成良好的作息习惯，当然，早上可以适当多睡会。

3. 生活上丰富多样化

单调是很多上班族对周末生活的评价，也有一些单身白领害怕周末的到来，他们宁愿继续从事工作，之所以会产生这样的心理，也是因为没有合理安排周末时间的缘故。

乔娜是一名单身贵族，在一家公关公司担任主管，她平时工作很忙，总是应酬不完，精神总处在一种长期压抑中，工作的时候每天都盼望着周末到来。但一到周末，她就好像对应酬有恐惧似的，拒绝见任何人，把手机关机，然后蒙着被子倒头大睡，连着睡上两天两夜，睡得昏天黑地，一想到睡完就要上班，又要投入到紧张的工作中去，乔娜更郁闷了，久而久之竟然患上了抑郁症。

实际上，要充实自己的周末生活，有很多方式，比如打球、听音乐、看电影、读一些杂志、下棋等。

4. 要走向社会

每星期不少于半天时间走进大自然，观察身边的人和事，观察社会的变化。

5. 进行体育锻炼

亚健康是白领的“通病”，如何才能缓解亚健康呢?体育锻炼能让人产生一种驾驭感、超越感。因此在体育活动后，人会心情愉快，精神饱满地投入工作和学习。

我国著名的地质学家李四光，在著名的伯明翰大学学习期间，正值第一次世界大战爆发。以英、法、俄为一方的协约国和以德、意、奥为一方的同盟国，为重新瓜分世界，争夺殖民地，展开了生死大战。一时间，生活物资日益短缺，物价开始上涨，生活极度困难，许多留学生已无法忍受，纷纷离开英国。但李四光硬是凭着顽强的毅力和从小养成的坚忍精神，节衣缩食，克服了种种困难，把学习坚持了下来。他常常利用假期，跑到矿山做临时工，赚钱维持生活，继续完成学业。

在这样艰难的时候，他乐观旷达，劳逸结合，偶尔在假日走进公园，看看名胜古迹，并利用业余时间学会了拉小提琴，成了终生的爱好。

的确，一个真正会学习的人不会打疲劳战，而是懂得通过身体锻炼来调节。不知你有没有这样的体验：当情绪低落时，参加一项自己喜欢又擅长的体育运动，可以很快地将不良情绪抛之脑后。这是因为体育运动可以缓解心理焦虑和紧张程度，分散对不愉快事件的注意力，将人从不良情绪中解放出来。另外，疲劳和疾病往往是导致人们情绪不良的重要原因，适量的体育运动可以消除疲劳，减少或避免各种疾病。把18世纪法国著名医生的话送给你：“运动就其作用来说可以代替任何药物，但世界上的一切药品并不能代替运动的作用。”

美国运动医学院的研究表明，正确的运动可帮你持久保持健康活力和苗条体态的程度高达70%，更健康的心脏和更低的患癌风险是运动带来的最为显著的两大益处。

6. 旅游

曾经有人说过，人的一生应该有两次冲动，一次是为奋不顾身的爱情，一次是为说走就走的旅行，的确，人的灵魂与身体，至少有一样要在路上，而旅行可以增长我们的知识，而且真的见过的就比只在书上看过或者听人说过更有触动性。另外，一个爱好旅游的人往往心胸更广阔，更有解决问题的弹性。

现代人绝大部分时间都献给了家庭和事业，他们要么被困在办公楼里，要么被困在家里，这样不但生活单调无味，长此下去还会闷出病来。有了双休日，你不妨去“放飞”一下，走向自然，与大自然亲密接触。面对湖光山色、绿水青山，莺歌燕舞、蓝天白云的大自然，一定令你心旷神怡、流连忘返。你会贪婪地大口大口呼吸清新的空气，会情不自禁地欢呼：“我爱你，大自然，太美了！”如果你有作诗、写作、画画、摄影的爱好，旅游会给你带来许多难得的题材。

不过，在周末出游时应注意外出时的自我保护与调适，比如不要把旅游行程安排得过满，以免使自己过于紧张；注意及时休息，补充体能等。

最后，你还可以多帮家人做家务，有空的时候去社区看看敬老院的孤寡老人，多给他们力所能及的帮助。

总之，双休日的实行给了我们更多的自主空间。如果能合理安排时间，则有利于我们的发展。我们要做到工作、娱乐相结合，学会自己安排学习生活，安排作息时间。只有养成合理的作息习惯，你的双休日才有收获。

第13章

改变拖延思维，战胜拖延的积极心理

也许你一直在日复一日地重复你的生活，已经感到十分疲惫了，没有了前进的动力，或许你的目标太遥远，以至于耗费了太多的精力也没有获得成功，你从前的积极性也失去了，开始逐渐形成了拖延症。可不管怎样，你要记住，无论是为梦想奋斗还是日常生活，我们总会感到疲惫，唯有那些热情满满的精神，才能冲到终点，赢得成功。因为他们不会被疲惫打败，就算在人生路上没人为自己喝彩，他们也会为自己鼓掌。

解决拖延症，从消除拖延思维开始

现代社会，很多人尤其是年轻人，拖延症已经成为他们中间的高发病症。具体表现为做事拖拖拉拉、怕接受工作任务，甚至经常到最后一刻才开始执行等。对于每个人来说，拖延的习惯都会影响到我们做事的效率，无论是在职场上还是在学习上，也会留给别人懒散的印象。那么，如何克服这样的坏毛病呢？

我们都知道，人的思维指导行动，对于拖延者来说，他们之所以做事懒散、行动拖拉，多数情况下是因为拖延思维导致的。在他们内心，常常有这样的声音：“再等会儿去做也没关系。”“大家都还没动手呢，我不必着急。”“太难了，实在找不到办法。”很明显，这些都是拖延思维，对我们的行动给予的是负面的暗示作用。

可见，如果你经常为自己的拖延行动找借口，那么，很可能是因为拖延思维的影响。要解决拖延症，你首先要做的就是消除拖延思维。要知道，任何人都不可能帮助你改变现状，能拯救你的只有你自己。

古希腊神话中有一个西齐弗的故事很能说明这个问题。西齐弗因触犯了天庭之法，被惩罚到人间受苦。他每天必须推一块石头上山。当他将石头推上山顶回家休息时，石头又自动地滚下来，于是西齐弗第二天又得去推。这是天神想让他在“永无止境的失败”中遭受惩罚，以此来折磨他的心灵。

可是，西齐弗偏偏不吃这一套。他不认为这就是受苦受难的命运安排。他一心想，推石头上山是我的责任；至于石头是否滚下来，不是我的失败。因此，心中始终平静异常，从不丧失信心。从而始终不放弃自己的职责，每天都满怀希望。天神见折磨西齐弗心灵的企图无法奏效，只好放他回了天庭。

用这个故事对照现实生活，我们可以得到有益的启示：“人必自助而后天助。”若连自己都不愿帮助自己，还会有谁帮助你呢？在逐渐改正拖延习惯的过程中，我们必须始终激励自己，相信自己能做到，那么，我们就能做到。

通常来说，拖延思维是消极思维的一种。如果我们不摒弃拖延思维，那么，只能无止境地拖延下去。事实上，我们在做事的过程中，总是会遇到一些困难，此时，我们需要调节和控制自己的心态，鼓励自己能做到，这样可以给自己精神动力。我们先来看看一位推销员是怎么做事的。

“我认为所谓的自我管理，首先就是苛求自己。我把一个星期的工作计划分为上午和下午两部分，把要走访的地方6等分。星期一走访葛饰区立石路的1～100号街，星期二走访第101～200号街，星期三……这样一个星期以后，就转完了我所负责的整个地段。我把这种做法一直作为绝对的、至高无上的命令来执行。所谓硬闯和推销管理工作，都安排在每天下午去搞。上午专搞接洽生意或类似接洽生意的工作，从下午4点起，搞交谈、修车等工作。我的工作计划大体就是如此，并坚决执行——这就是我的推销计划，也就是自己管自己。

“参加工作的第一年，往往都是我一个人在街道上转来转去，觉得非常难受又寂寞，有时也深感推销工作非常痛苦。可是，每逢这时，我就勉励自己，自己痛苦的时候别人也痛苦。说老实话，我想如果推销工作是一帆风顺的，也就无所谓自己管理自己了。自己管自己这个问题之所以受到重视，是因为任何人都不能随心所欲地去做事情，因为今天一去不返，人们才要求这么严格。我也经常有精神不振的时候，遇到这种情况，就一定在星期天去登山。当我一步一步地克服了前进中的困难而登到山巅时，那种激动的心情简直就和接受订货、交出汽车时的激动心情完全一样。”

从这两段话中，我们发现，克服拖延症其实就是一种自我管理，它和做其他事一样，假如不存在困难，那么，也就体会不到成功时的快乐，以这样的信念激励自己，能帮助我们克服内心的很多负面心理。

总之，任何一个希望解决拖延症的人，都应该摒弃消极的拖延思维，始终相信自己能做到自控和立即执行，以这样的信念引导自己去做事，相信一定能有所收获。

消除职场倦怠，别让工作成为负担

每天清晨起来，照照镜子，你的脸上还有和刚工作时的微笑吗？你是不是从某天起，总是希望周末赶紧到来？你睡觉前是不是恨不得第二天生个小病、这样就不用去上班了？你是不是觉得这份工作除了那点薪水让你激动外、你已经提不起半点兴趣了？——你，已经成为职场“倦鸟”！

对于拖延者来说，职场倦怠感似乎总是在占据着他们的内心，很多时候，之所以会有拖延行为，也是因为他们总感觉到“累”。曾经在网络上有个被网友广为评价的帖子，内容是这样的：

“你最痛苦的事情是什么？”

“加班。”

“比加班更痛苦的事呢？”

“天天加班。”

“比天天加班更痛苦的呢？”

“义务加班。”

为什么这段话能受到网友们的热捧？很明显，因为他真切地传达了很多人内心对工作的情绪，如果你也对这种情绪感到似曾相识，那么这表明，“倦怠情绪”正在你的身体中蔓延——“被传染者”会无心工作，没有了向心力的团队更如同一盘散沙。因此，企业和个人如何应对、跳出职业倦怠泥沼至关重要。

小林是一家知名化妆品公司的员工。在大多数人的眼里，她是一个幸运儿——目前从事的化妆品市场推广工作，既和自己的专业对口，又与自己的兴趣相投。她已经在这个公司工作了整整七年。

七年来，小林并没有升职。目前的她觉得工作越来越没劲。她无奈地说：“我每天都不想上班，就想着只要不出错就万事大吉了。虽说我也曾为了能实现自己的梦想付出了很多，但现在那种职业的成就感早没有了。”

小林的情况在不少职场白领中较为普遍，这就是人们通称的“职业倦怠”。那么先为自己做一诊断，来看看是否正在懈怠中。

1. 对工作开始缺乏热情，注意力不集中，对上级交代的任务提不起兴趣，工作时间延长，同样的工作需要花费更多的时间。

2. 经常会出现头痛、胃痛、肌肉酸痛等一些症状。

3. 开始莫名其妙地猜疑一些事情，比如老怀疑自己生病了，不停地去看医生。

4. 食欲不振、失眠。

5. 在工作中情绪不稳定，对人际关系敏感，遇事容易着急，一着急又容易发火。

以上五个选项，如果你拥有三种以上的症状，就要警惕了，你很可能已经成为一只可怜的职场“倦鸟”。

那么，如何才能解除这种职场倦怠感呢?

1. 科学规划职业生涯

先了解自己的特长、优点等，这样，你能找到适合自己的工作，并在工作中找到成就感和满足感；另外，你的职业前景也会变得明朗、开阔起来。

2. 做好时间管理，让工作更有条理

养成列举工作日程表的习惯，然后考虑哪些条目可以完全放弃，哪些可以委托他人或与他人合作完成，尽量使工作时间缩短，工作效率提高，成就感增强。

3. 端正自己的心态

你要明白，工作的目的并不是为了获得每月定时发放的工资，还是一种自我价值与社会价值实现的过程，因此，我们每天都要带着感恩的、阳光的心态去工作。

4. 与你的同事、上司搞好关系

在工作中，与你的上司、同事的关系如何，直接关系到你在工作中的心情、工作效率等各个方面。

总之，随着社会的变革转型，就业压力增大，企业求创新突围，给管理者、员工会带来更大的压力，职场倦鸟已经成为影响工作效率的头号敌人。作为企业及其管理者以及我们自身，懂得如何防治职业倦怠，显得尤其重要。

激发激情从改变工作态度开始

每个人都怀揣梦想，希望可以大展拳脚，但现实的状况可能是，每天都在做着重复的工作，为此，有些人已经失去热情，甚至开始抱怨、拖延，但却拒绝做出改变。拖延者更是如此，他们总是能为自己找出更多理由，而这些，都是对工作不热爱的表现，以这样的状态，你会发现，工作是枯燥的，工作效率也是低下的。事实上，无论你从事哪行，热情都是你成功的动力。蒂夫·鲍尔默说：“我想让所有的人和我一起分享我对我们的产品与服务的激情，我想让所有的员工分享我对微软的激情。”卡耐基说：“除非喜欢自己所做的工作，否则永远无法成功。”

因此，如果你认为自己对工作提不起兴趣，觉得工作毫无意义，那么，你首先要做的就是改变你的工作态度。

当然，也有一些人，在工作中，他们总是抱着这样的态度：要么喜欢耍小聪明，要么上班迟到、早退；要么总是推脱工作。这些人自以为得计，但他们的损失将远远大于他们的所得。这种人，也许会得逞一时，但终将失败一世，永远与成功无缘。

老木匠辛苦了一生，建造了多得数不清的房子。这一年，他觉得自己老了，便向主人告别，想要回家乡去，安享晚年。

老板十分舍不得他离去，因为他盖房子的手艺是镇上最好的，再也没有第二个人能够跟他相比。但是他的去意已决，老板挽留不住，就请他再盖最后一座房子。老木匠答应了。

最好的木料都被拿出来了，老木匠也马上开始了工作，但是人们都可以看出，老木匠归心似箭，注意力完全没有办法集中到工作上来。梁是歪的，木料表面的漆也不如以前刷得光亮。

房子终于如期建造完成，老板把钥匙交到老木匠的手上，告诉他这是送给他的礼物，以报答他多年来辛苦的工作。

老木匠愣住了，他怎么也没有想到，自己一生建造了无数精美又结实的房子，最后却让自己获得了一件粗制滥造的礼物。如果他知道这房子是为自己而建的，他无论如何也不会这样心不在焉。

这只是一则故事，然而现实生活中，却有不少人和故事中的的这位老木匠一样，因为缺乏热情，每天带着一脸的茫然和无奈去工作，茫然地应付上级交代的任务，然后领回工作。因为他们认为，自己所做的，不过是为别人打工而已。

很明显，这种消极的工作状态无论对员工个人还是对整个组织而言，都是极为不利的。被动地应付工作，我们自然不可能投入全部的热情和智慧，也就不可能在自己的岗位上有所成就。效率是任何管理工作的根本目的，没有工作热情的工作状态又有何效率可言呢?

无论你现在从事什么样的工作，你都应该学会热爱它即使这份工作你不太喜欢，也要尽一切能力去转变，并凭借这种热爱去发掘内心蕴藏着的活力、热情和巨大的创造力。事实上，你对自己的工作越热爱、决心越大，工作效率就越高。

那么，任何才能做到热爱并做好自己的本职工作呢？

不管怎样，集中精力、专心致志地做好自己的本职工作，这样，你会从原本 “痛苦”的感觉中获得喜悦和成就感，而“热爱”和“全神贯注”就如硬币的正反两面，它们是相辅相成、不可分割的。

当然，刚开始的时候可能有点困难，但是你要在心中鼓励自己：“自己正在从事一项了不起的工作”，“这是多么幸运的工作啊”。于是，对工作的态度自己而然就有了大转变。

有句话说得好：“选择你所爱的，爱你所选择的”。为了培养你对工作的热情，首先，在择业之前，你应该考虑自己的兴趣。如果工作在某些方面真的令你缺乏兴趣，我并不是说一定要强迫你每天在工作的时候保持微笑。一般情况下，如果你真的不喜欢自己所做的事情，对它缺少积极性，那么这是不值得的，不管你得到的薪水有多高，不管你的职业生涯攀上了多少高峰，都是不值得的。

如果你并不了解自己的兴趣所在，你怎样才能挖掘出它们呢？有很多方法可以做到这一点。例如，在你目前的工作中，你最喜欢它的哪些方面？是和他人共处，还是不和他人共处？是智力挑战，还是解决问题或者某个问题在某一天结束的时候有了具体答案的满足感？

倘若你已经有一份不错的工作，那么，不妨尝试着热爱它。

其实，并不是所有工作都是那么妙趣横生的，甚至绝大部分工作都会因为工作环境的一成不变而变得枯燥乏味。许多在大公司工作的员工，他们拥有渊博的知识，受过专业的训练，有一份令人羡慕的工作，拿一份不菲的薪水，但是他们中的很多人对工作并不热爱，视工作如紧箍咒，仅仅是为了生存而不得不出来工作。他们精神紧张、未老先衰，工作对他们来说毫无乐趣可言。

可见，一件工作有趣与否，来自于你自身怎么看。任何工作，我们可以做好，也可以做坏。可以积极向上、喜悦地去做，也可以愁眉苦脸和以厌烦的情绪去做。如何去做，这完全在于自己。所以只要你在工作，何不让自己充满活力与热情呢?

只要你带着这样的热情来办公室，你会发现上班不再是一件苦差事，工作也变成了一种乐趣，久而久之，你的能力和激情都会被人发现，就会有许多人愿意聘请你来做你更热爱的事。如果你对工作充满了热爱，你就会从中获得巨大的快乐。

设想你每天工作的八小时，就等于在快乐地游泳，这是一件多么惬意的事情!

另外，从工作中寻找成就感也会让你爱上它，比如，如果你是教师，你可以通过观察每个学生在学习上的进步、心智的成长来获得乐趣；如果你是个医生，你可以从帮助病人排除病痛中得到快乐。另外，你还应该认识到，在每一份工作中，我们都学到了不同的知识。

学会放松，好心情帮你赶走拖延症

生活中，我们总是能听到周围的同事或朋友抱怨说：“好累啊！”。可现代社会压力如此大，谁不累呢?我想每个人感觉到的累，可能来自于不同的方面，工作的压力感、职业的倦怠感，甚至有些只是因为睡眠不足。但无论如何，只有轻松的身体和心情，才能产生工作的动力和热情，拖延症才不会缠上我们。因此，任何一个高效工作的人，都建议我们要学会放松自己、为自己减压。当然，每个人放松自己的方法不同：

梅今年28岁，原本学音乐的她在毕业后不得不接手家族生意。每天，她都要亲力亲为公司的很多事，她需要经常游走于各个谈判桌、饭桌之间，不停地出差，不停地坐飞机，她已经厌烦了这种生活，甚至说恐惧，她也逐渐养成了做事拖延的习惯，甚至能拖就一定往后拖，为此，她的父亲有好几次都批评了她。

她的朋友建议她应该好好放松放松自己。于是，这天，她开着车，带上读书时代最爱的小提琴，来到了离市区很远的河边。

听着潺潺的流水声、空谷中鸟儿的啼叫，呼吸着新鲜的空气，梅拉起了小提琴，那些熟悉的旋律又浮现在脑海中，那些所谓的客户、订单、酒桌等都抛到脑后的感觉真好，不知不觉间她在车上睡着了，醒来后，她感到了前所未有的放松，她想，也许只有音乐能让自己的心静下来。

从那次以后，梅重拾了自己当年的爱好，每周末，她都会花上半天的时间练小提琴，陶醉在自己的音乐里，她很享受。

生活中，像梅这样因为工作或生活等原因造成心理压力和拖延症的人不少，面对生活和工作，我们不得不四处奔波，长时间下来，感觉疲惫不堪、精神紧张，却不知如何调节。据统计，有50%的人一周中至少有一天会感到疲惫。美国乔治亚州大学的研究者通过对70项不同研究分析得出：让身体动起来可以增加身体能量、减少疲累感。

事实上，那些行动迅速、高效率的人从不打疲劳战，他们甚至还掌握了随时放松自己的方法，具体来说，有以下几种：

1. 放松呼吸：紧闭双目，放松肌肉，默默地进行一呼一吸，以深呼吸为主

你可以选一个自己喜欢的“平静”情景，长长地、慢慢地吸气。将自己的肺部想象成一个气球，尽量将这个气球充满。当感到气球已经全部膨胀了起来，就表明已经气沉丹田，保留两秒钟。然后，轻轻地、慢慢地将气呼出。吸气持续四秒钟，呼气也持续四秒钟。也可以一边呼吸一边数秒。为了放慢速度，数秒的方法可以做些改变，将“一秒”变成“一个千分之一”这样可以将速度基本上降到大约一秒钟一个数字。开始吸气时，你的脑子里便开始数：“一个千分之一，两个千分之一，三个千分之一，四个千分之一”，一定要将吸气坚持到数完“四个千分之一”，然后以同样的方法呼气。

2. 想象放松法

想象放松法是通过一些安宁、舒缓、愉悦的情景想象，以达到身心放松的目的，要尽量运用各种感官，观其形、听其声、嗅其味、触其柔……恰如亲临其景。

比如，你可以想象在一望无际的大草原上散步。在一个暮春的下午，夕

阳西下，余晖相映，你踩在柔软的草地上，清新的野草味、花香味以及田园味阵阵扑鼻，不时还有鸟儿鸣叫、蜂蝶飞舞。你身临其境，微风拂面，就像小时候妈妈温柔的抚摸；柔光沐浴，就像出远门时父母的谆谆叮咛；高天远山令你心旷神怡，此时舒展全身，慢慢地做深呼吸，感到无比轻松舒坦。这样你就可以排除杂念，心平气和，达到放松的目的。

再如，我静静地俯在海滩（湖边的草滩）上，周围没有其他人，清风轻轻地吹着，我渐渐聆听到风吹过草地和我的耳旁，我感受到了阳光温暖的照射，触到了身下海滩上的沙子（湖边柔软的草儿），我全身感到无比的舒适，微风带来一丝丝海腥味（清新的味道），海涛在有节奏地唱着自己的歌（湖面上的水静悄悄地涌过来，时不时有鱼儿嬉水溅出的水花声），我静静地，静静地聆听这永恒的波涛声（这令人神往的梦里水乡）……

3. 你按摩

紧闭双眼，用手指尖用力按摩前额和后脖颈处，有规则地向同一方向旋转；不要漫无目的地揉搓。

4. 松颈操

右手置于脑后，下巴轻轻地压向胸部。同时尽力将左肩和左臂向下沉。保持这一姿势10～30秒钟。然后慢慢地还原，左右手交换重复练习，方法同上。

5. 打盹

学会在家中、办公室，甚至汽车上，一切场合都可借机打盹，只需10分钟，就会使你精神振奋。

总之，在学习或工作中，我们要尽量保持轻松愉快的心情，只有这样，才能避免因为负面情绪而出现拖延行为，当我们感到疲惫时，不妨采用以上几种方法来进行自我放松。

慢慢走，踏踏实实会让你更有力量

我们工作的周围，一些人之所以会形成拖延的习惯，并不是因为他们懒散，而是在具体做事的过程中，因为不合理的目标在失败后对他们产生挫败感而导致的。这些人行为积极、热情高涨，但一旦自己过高的目标没有实现，便陷入糟糕的情绪中，然后一蹶不振、行动迟缓。可见，有些时候，真正让我们的能力产生质的飞越的，是那些踏踏实实、一步一个脚印的努力。

老亨利是一家大公司的董事长，他是个和蔼的老人。有一次，产品设计部的经理汤姆向老亨利汇报说："董事长，这次设计又失败了，我看还是别再搞了，都已经第九次了。"汤姆皱着眉头，神情非常沮丧。

"汤姆，你听我说，我让你来设计，就相信你能成功。来，我给你讲个故事。"老亨利吸了一口雪茄，开始讲起来，"我也是个苦孩子，从小没受过正式教育。但是，我不甘心，一直在努力，终于在我31岁那年，我发明了一种新型的节能灯，这在当时可是个不小的轰动呢！但是，我是个穷光蛋，要进一步完善需要一大笔资金。我好不容易说服了一个私人银行家，他答应给我投资。可我这种新型节能灯刚一投放市场，其他灯的销路就被阻断了，所以就有人暗中阻挠我成功。可谁也没想到，就在我要与银行家签约的时候，我突然得了胆囊症，住进了医院，大夫说必须马上做手术，否则就会有危险。那些灯厂的老板知道我得病了，就开始在报纸上大造舆论，说我得的是绝症，骗取银行的钱来治病。结果，那位银行家不准备投资了。更严重的是，有一家机构也正在加紧研制这种节能灯，如果他们抢在我前头，我就完蛋了！我躺在病床上简直是万分焦急，最后只能铤而走险，不做手术，如期地与那位银行家见面。

"见面前，我让大夫给我打了镇痛药。和银行家见面后，我忍住剧烈的疼痛，装作没事似的，和银行家谈笑风生。但时间一长，药劲过去了，我的肚子就像刀割一样疼，后背的衬衣也让汗水湿透了。可我仍然咬紧牙关，继续周旋。我当时心里就只剩下一个念头：再坚持一下，成功与失败就在能不能挺住这一会儿！病痛终于在我强大的意志力下低头了，最后我终于取得了银行家的信任，签了合约。我在送他到电梯口时脸上还带着微笑，并挥手向他告别。但电梯门刚一关上，我就扑通一下倒在地上，失去了知觉。提前在隔壁等我的医生马上冲过来，用担架将我抬走。后来据医生说，我的胆囊当时已经积脓，相当危险。知道内情的人无不佩服我这种精神。我呢，就靠着这种精神一步步走到现在。”

汤姆被老亨利的故事感动了，他感到万分惭愧。和董事长相比，自己遇到的这点压力算什么呢？

“董事长，您的故事让我非常感动，从您身上我真正体会到了再坚持一下的精神。我非常感谢您给我的鼓励和提醒。我回去再重新设计，不成功，誓不罢休。”汤姆挺着胸，攥着拳，脸涨得通红，说话的声音有些颤抖。

事实是最好的证明，在试验进行到第12次的时候，汤姆终于取得了成功。

任何人、任何事情的成功，固然有很多方法，但最根本的就是需要坚持。不管遇到什么困难，只有风雨无阻并相信自己能成功，就一定能迎来曙光、迎来成功。老亨利和汤姆的成功就是最好的证明。

每个公司都希望自己的员工能兢兢业业、努力、踏实地工作，如果你为自己还是平凡岗位的一员而抱怨的话，请调整自己对工作的态度，如果你从现在开始踏实做事，不论多平凡的岗位，你也会有不俗的成绩。

你可以记住以下几点。

1. 关注未来，不要满足现状

如果你得过且过，每个月只为那点薪水工作，那么，你怎么会有热情、怎么能做到立即行动？相反，那些有梦想的人则不会只关心这些眼前事物，他们一般会用极有远见的目光关注未来。其实，在我们心中，都有一个属于自己的梦想，但出于各种原因，可能这些梦想会逐渐被磨灭，任何人潜能的激发只要具有一个伟大的动力，才会被最大限度地激发出来。

2. 树立脚踏实地的态度

你若想变得伟大、想成就一番事业，就必须要具备勤奋的工作态度。爱因斯坦说：“人的价值蕴藏在人的才能之中。在天才和勤奋两者之间，我毫不迟疑地选择勤奋，她是几乎世界上一切成就的催产婆。”真正的成功是一个过程，是将勤奋和努力融入每天的生活和工作中。成功没有捷径，它需要脚踏实地。

3. 努力工作，获得成就感

日常工作中，一些员工行为拖拉，没有工作积极性，某种程度上是因为他们对自己的工作没有信心，其实，信心是自己给自己的，如果你努力工作，就能看到自己的成绩，你就能成为行业内的专家，当你拥有成就感和自豪感后，你的行动力也会增强。

参考文献

[1] 李立. 拖延心理学[M]. 北京：中国戏剧出版社，2011.

[2] 辰格. 戒了吧！拖延症：写给年轻人的拖延心理学[M]. 天津：天津人民出版社，2013.

[3] 高佑. 拖延心理学：重拾行动力 · 克服拖延症[M]. 北京：中国华侨出版社，2013.